国家示范性高等职业院校重点建设专业教材

Shukong Jichuang Yu Biancheng Jishu

数控机床与编程技术

（机电一体化技术专业）

主　编　陈贵清
副主编　陈忠士　颜文煅
主　审　李　斌

人民交通出版社

内 容 提 要

本书是国家示范性高等职业院校重点建设专业教材之一，介绍了数控机床编程与操作的相关内容，主要包括数控车床编程与操作、数控铣床编程与操作、数控加工中心编程与操作等知识。本书知识结构清晰、条理连贯，讲解深入浅出，通过相应模块的学习，可以使学生很好地掌握所学知识。

本书适合高职高专数控及相关专业学生使用，也可供相关技术人员参考。

图书在版编目(CIP)数据

数控机床与编程技术/陈贵清主编．—北京：人民交通出版社，2009.8

ISBN 978-7-114-07935-1

Ⅰ．数…　Ⅱ．陈…　Ⅲ．数控机床-程序设计　Ⅳ．TG659

中国版本图书馆 CIP 数据核字(2009)第 153490 号

国家示范性高等职业院校重点建设专业教材

书　　名：数控机床与编程技术
著 作 者：陈贵清
责任编辑：富砚博
出版发行：人民交通出版社
地　　址：(100011)北京市朝阳区安定门外外馆斜街 3 号
网　　址：http://www.ccpress.com.cn
销售电话：(010)59757973
总 经 销：人民交通出版社发行部
经　　销：各地新华书店
印　　刷：北京牛山世兴印刷厂
开　　本：787×1092　1/16
印　　张：9.5
字　　数：230 千
版　　次：2009 年 8 月　第 1 版
印　　次：2012 年 12 月　第 2 次印刷
书　　号：ISBN 978-7-114-07935-1
定　　价：28.00 元

序

2006 年是中国高等职业教育的春天。这一年，我国教育部、财政部启动了国家示范性高等职业院校建设计划，高等职业教育首次被定性为中国高等教育发展的一种类型。时代赋予了高等职业教育非常广阔的发展空间。

2006 年也是福建交通职业技术学院发展的春天。同年 12 月，这所有着 140 多年办学历史的百年老校，被确定为全国首批国家示范性高等职业院校建设单位。这对学校而言，是荣誉更是责任，是挑战更是压力。

国家示范性院校建设的核心是专业建设，而课程和教材又是专业建设的重要内容之一。如何通过课程的建构来推动人才培养模式的改革和创新？教材编写工作又如何与学校人才培养模式和课程体系改革相结合？如何实现课程内容适合高素质技能型人才的培养？这均是我校示范性建设中的重要命题。

难能可贵的是，三年来，在全体教职员工的不懈努力下，我校 8 个重点建设专业(6 个为中央财政支持的重点建设专业)在实验实训条件建设、师资队伍建设、人才培养模式与课程体系改革等方面，都取得了突破性的进展。

更令人欣慰的是，我院教师历经 3 年的不断探索和实践，为我院的教材建设作出了功不可没的成绩。一系列即将在人民交通出版社出版的国家示范性高等职业院校重点建设专业教材，就是我院部分成果的体现。在这些教材中，既有工学结合的核心课程教材，也有专业基础课程教材。无论是哪种类型的教材，在编写中，我院都强调对教材内容的改革与创新，强调示范性院校专业建设成果在教材中的固化，强调教材为高素质技能型人才培养服务，强调教材的职业适应性。因为新教材的使用，必须根植于教学改革的成果之上，反过来又促进教学改革目标的实现，推进高职教育人才培养模式改革。

培养社会所需要的人，是我院一直不懈的努力方向，而这些教材就是我们努力前行的足迹。

在这些教材的编写过程中，也倾注了相关企业有关专家的大量心血和辛勤劳动，在此谨向他们表示衷心的感谢！

福建交通职业技术学院院长
福州大学博士生导师 

前　言

数控技术自20世纪50年代诞生至今,受到世界各国的广泛重视。凭借其在机械加工中的高精度、高效率以及高自动化程度,在军事、航空航天、船舶、汽车等领域得到了广泛应用。数控加工的水平和普及程度已成为衡量一个国家工业发展水平的重要指标之一。

数控加工技术在我国产生的时间较早,由于各种历史原因,数控加工技术的真正应用与推广则是在20世纪八九十年代。这也造成了在相当一段时间内,我国数控技术人才短缺的现象。随着我国在电子、计算机、信息处理、检测技术及光电磁等领域不断取得突破,数控加工技术也越来越完善,应用越来越普及,已成为我国机械工业加工的支柱,也为全球化的"中国制造"立下了汗马功劳。

本书是按照培养职业技术应用型人才的要求,结合生产实际情况,遵循"实用为主、够用为度、注重应用、面向实践"的原则来编写的,内容简明、通俗易懂、实用性强,做到了深入浅出,注重生产应用,重视学生的动手能力的培养。本书是针对机械加工常用机床及国内流行的数控系统,如FANUC数控系统和华中数控系统编写的,主要包括编程部分和操作部分,内容深入浅出,针对性强。本书既体现了理论的教学要求,又体现了操作的实用性。

本书共分四大模块,内容包括:数控机床的概况,数控车床、数控铣床、加工中心的编程与操作。其中模块一由陈忠士编写,模块二至模块三由陈贵清编写,模块四由颜文煅编写。

由于编者的经验和水平有限,书中错误在所难免,恳请广大读者批评指正。

编者

2009年7月

目　录

模块一　课 程 认 知

项目一　数控设备的认识

一、数控设备的产生与发展

1. 数控设备的产生

科学技术和社会生产的不断发展,对加工机械产品的生产设备提出了“三高”(高性能、高精度和高自动化)的要求。

为了解决上述问题,一种新型的数字程序控制机床应运而生。它极其有效地解决了上述一系列矛盾,为单件、小批量生产,特别是复杂型面零件提供了自动化加工手段。

2. 数控设备的发展

从第一台数控机床问世至今,数控系统先后经历了电子管(1952 年)、晶体管和印刷电路板(1960 年)、小规模集成电路(1965 年)、小型计算机(1970 年)、微处理器或微型计算机(1974 年)和基于 PC-NC 的智能数控系统(20 世纪 90 年代后)共六代。

前三代数控系统是属于采用专用控制计算机的硬逻辑(硬线)数控系统,简称 NC(Numerical Control),目前已被淘汰。

第四代数控系统采用小型计算机取代专用控制计算机,数控的许多功能由软件来实现,故这种数控系统又称为软线数控,即计算机数控系统,简称 CNC(Computer Numerical Control)。1974 年,采用以微处理器为核心的数控系统形成第五代微型机数控系统,简称 MNC(Microcomputer Numerical Control)。CNC 与 MNC 统称为计算机数控,其控制原理基本上相同。MNC 具有成本低、功能强的特点。

基于 PC-NC 的第六代数控系统充分利用现有 PC 机的软硬件资源,是最新一代的数控系统。

在数控系统不断更新换代的同时,数控机床的品种得以不断地发展。

数控机床是数控设备的典型代表,其他数控设备,如数控激光与火焰切割机等数控设备也得到了广泛的应用。

二、数控设备的工作原理、组成与特点

1. 数控设备的工作原理

图 1-1 是数控设备的一般工作原理图。

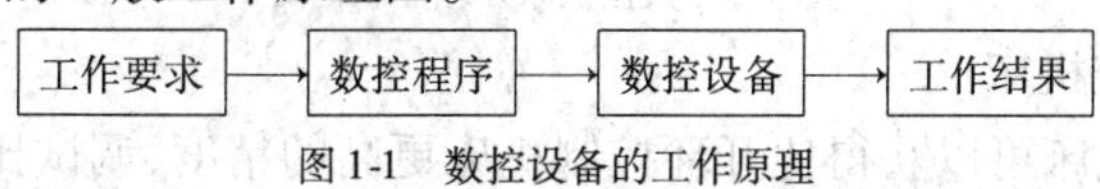

图 1-1　数控设备的工作原理

2. 数控设备的组成与功能

数控设备的基本结构框图如图 1-2 所示。它主要由输入输出装置、计算机数控装置、伺服系统和受控设备四部分组成。

3. 数控设备的特点

数控设备是一种高效能自动化加工设备，与普通设备相比，数控设备具有如下特点。

(1)适应性强；

(2)精度高，质量稳定；

(3)生产率高；

(4)能完成复杂型面的加工；

(5)减轻劳动强度，改善劳动条件；

(6)有利于生产管理。

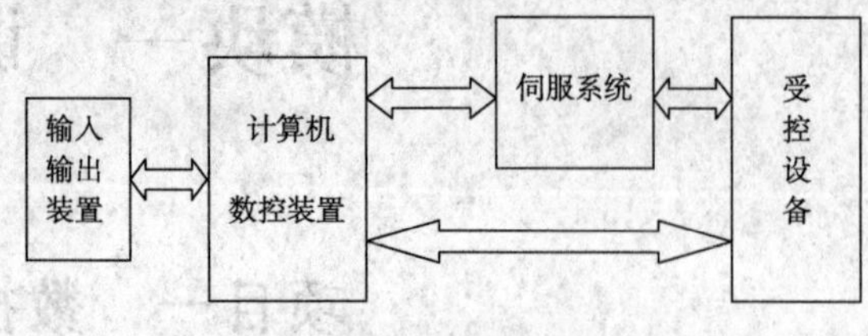

图 1-2　数控设备基本结构框图

三、数控设备的分类

数控设备通常从以下不同角度进行分类。

1. 按工艺用途分类

目前，数控机床的品种规格已达 500 多种，按其工艺用途可以划分为以下四大类：

1)金属切削类

它又可分为两类：

(1)普通数控机床；

(2)数控加工中心。

2)金属成形类

金属成形类设备是指采用挤、压、冲、拉等成形工艺的数控机床，常用的有数控弯管机、数控压力机、数控冲剪机、数控折弯机、数控旋压机等。

3)特种加工类

特种加工类设备主要有数控电火花线切割机、数控电火花成形机、数控激光与火焰切割机等。

4)测量、绘图类

这类设备主要有数控绘图机、数控坐标测量机、数控对刀仪等。

2. 按控制运动的方式分类

(1)点位控制数控机床；

(2)点位直线控制数控机床；

(3)轮廓控制数控机床。

3. 按伺服系统的控制方式分类

1)开环控制数控机床

开环控制数控机床一般适用于中、小型经济型数控机床，其控制框图如图 1-3 所示。

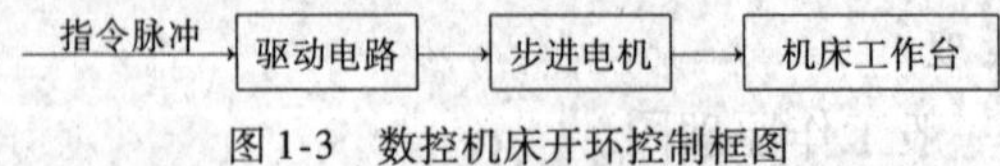

图 1-3　数控机床开环控制框图

2)半闭环控制数控机床

半闭环控制数控机床可以获得比开环控制机床更高的精度，调试比较方便，因而得到广泛应用，其控制框图如图 1-4 所示。

3)闭环控制数控机床

闭环控制数控机床的控制框图如图 1-5 所示。

闭环控制数控机床一般适用于精度要求高的数控机床，如数控精密镗铣床。

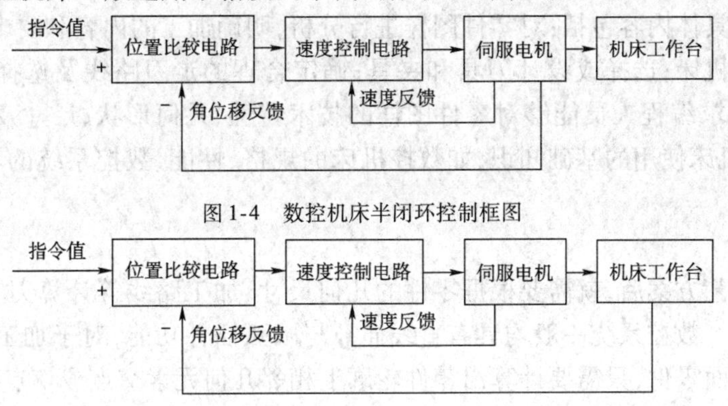

图 1-4　数控机床半闭环控制框图

图 1-5　数控机床闭环控制框图

4. 按所用数控系统的档次分类

按所用数控系统的档次通常把数控机床分为低、中、高档三类。

以上中、高档数控机床一般称为全功能数控或标准型数控。

项目二　数控程序的编制

在编制数控加工程序前，应首先了解：数控程序编制的主要工作内容，程序编制的工作步骤，每一步应遵循的工作原则等，最终才能获得满足要求的数控程序（如图 1-6 所示为程序样本）。

```
%
O0000
(PROGRAM NAME - HY10)
(DATE=DD-MM-YY - 27-02-02 TIME=HH:MM - 12:50)
((UNDEFINE) TOOL - 1 DIA. OFF. - 41 LEN. - 1 DIA. - 10.)
N100G21
N102G0G40G49G80G90
N104T1M6
N106G0G90G54X-19.305Y-15.6S1200M3
N108G43H1Z60.M8
N110Z34.8
N112G1Z29.8F2.
N114X19.305
N116G0Z50.
N118X24.248Y-5.2
```

图 1-6　程序样本

一、数控程序编制的定义

编制数控加工程序是使用数控机床的一项重要技术工作，理想的数控程序不仅应该保证加工出符合零件图样要求的合格零件，还应该使数控机床的功能得到合理的应用与充分的发挥，使数控机床能安全、可靠、高效地工作。

1. 数控程序编制的内容及步骤

数控编程是指从零件图纸到获得数控加工程序的全部工作过程。如图 1-7 所示，编程工作主要包括以下方面。

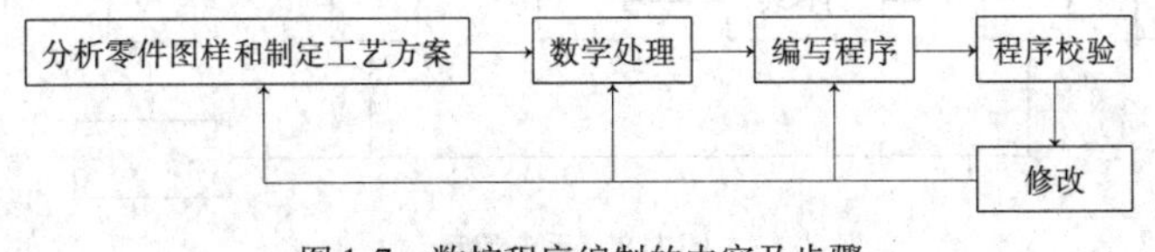

图 1-7　数控程序编制的内容及步骤

1)分析零件图样和制定工艺方案

这项工作的具体内容包括:对零件图样进行分析,明确加工的内容和要求;确定加工方案;选择适合的数控机床;选择或设计刀具和夹具;确定合理的走刀路线及选择合理的切削用量等。这一工作要求编程人员能够对零件图样的技术特性、几何形状、尺寸及工艺要求进行分析,并结合数控机床使用的基础知识,如数控机床的规格、性能、数控系统的功能等,确定加工方法和加工路线。

2)数学处理

在确定了工艺方案后,就需要根据零件的几何尺寸、加工路线等计算刀具中心运动轨迹,以获得刀位数据。数控系统一般均具有直线插补与圆弧插补功能,对于加工由圆弧和直线组成的较简单的平面零件,只需要计算出零件轮廓上相邻几何元素交点或切点的坐标值,得出各几何元素的起点、终点、圆弧的圆心坐标值等,就能满足编程要求。当零件的几何形状与控制系统的插补功能不一致时,就需要进行较复杂的数值计算,一般需要使用计算机辅助计算,否则难以完成。

3)编写零件加工程序

在完成上述工艺处理及数值计算工作后,即可由程序编制人员使用数控系统的程序指令,按照规定的程序格式,逐段编写加工程序。程序编制人员只有对数控机床的功能、程序指令及代码十分熟悉,才能编写出正确的加工程序。

4)程序检验

将编写好的加工程序输入数控系统,就可控制数控机床的加工工作。然而在正式加工之前,一般要对程序进行检验。程序检验通常可采用机床空运转的方式,检查机床动作和运动轨迹的正确性,以检验程序。在具有图形模拟显示功能的数控机床上,可通过显示走刀轨迹或模拟刀具对工件的切削过程,对程序进行检查。对于形状复杂和要求高的零件,也可采用铝件、塑料或石蜡等易切材料进行试切来检验。通过检查试件,不仅可确认程序是否正确,还可知道加工精度是否符合要求。若能采用与被加工零件材料相同的材料进行试切,则更能反映实际加工效果。检验过程中,当发现加工的零件不符合加工技术要求时,可修改程序或采取尺寸补偿等措施。

2. 数控程序编制的方法

数控加工程序的编制方法主要有两种:手工编制程序和自动编制程序。

1)手工编程

手工编程是指主要由人工来完成数控编程中各个阶段的工作,具体流程如图1-8所示。

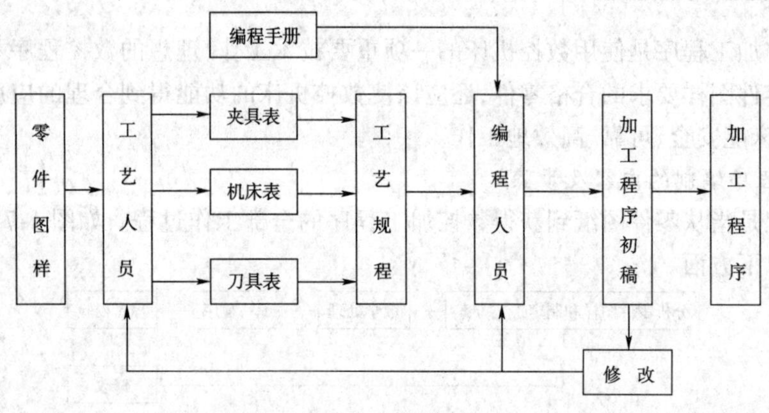

图1-8 手工编程

一般对几何形状不太复杂的零件，所需的加工程序不长，计算比较简单，用手工编程比较合适。

手工编程的特点是：耗费时间较长，容易出现错误，无法胜任复杂形状零件的编程。据国外资料统计，当采用手工编程时，一段程序的编写时间与其在机床上运行加工的实际时间之比，平均约为30:1，通常，数控机床不能开动的原因中有20%～30%是由于加工程序编制困难，编程时间较长造成的。

2）计算机自动编程

自动编程是指在编程过程中，除了分析零件图样和制定工艺方案由人工进行外，其余工作均由计算机辅助完成。

采用计算机自动编程时，数学处理、编写程序、检验程序等工作是由计算机自动完成的，由于计算机可自动绘制出刀具中心运动轨迹，使编程人员能及时检查程序是否正确，需要时可及时修改，以获得正确的程序。又由于计算机自动编程能代替程序编制人员完成繁琐的数值计算，可提高编程效率几十倍乃至上百倍，因此能解决手工编程无法解决的许多复杂零件的编程难题。因而，自动编程的特点就在于编程工作效率高，可解决复杂形状零件的编程难题。

根据输入方式的不同，自动编程可分为图形数控自动编程、语言数控自动编程和语音数控自动编程等。图形数控自动编程是指将零件的图形信息直接输入计算机，通过自动编程软件的处理，得到数控加工程序。目前，图形数控自动编程是使用最为广泛的自动编程方式。语言数控自动编程是指将加工零件的几何尺寸、工艺要求、切削参数及辅助信息等用数控语言编写成源程序后，输入到计算机中，再由计算机进一步处理得到零件加工程序。语音数控自动编程是指采用语音识别器，将编程人员发出的加工指令声音转变为加工程序。

二、字与字的功能

1. 字符与代码

字符是用来组织、控制或表示数据的一些符号，如数字、字母、标点符号、数学运算符等。数控系统只能接受二进制信息，所以必须把字符转换成用“0”和“1”组合的代码来表达。国际上广泛采用的两种标准代码是：

（1）ISO国际标准化组织标准代码；

（2）EIA美国电子工业协会标准代码。

这两种标准代码的编码方法不同，在大多数现代数控机床上这两种代码都可以使用，只需用系统控制面板上的开关来选择，或用G功能指令来选择。

2. 字

在数控加工程序中，字是指一系列按规定排列的字符，作为一个信息单元存储、传递和操作。字是由一个英文字母与随后的若干位十进制数字组成，这个英文字母称为地址符。如：“X2500”是一个字，X为地址符，数字“2500”为地址中的内容。

3. 字的功能

组成程序段的每一个字都有其特定的功能含义。下面是根据FANUC-OM数控系统的规范介绍的，实际工作中，应按照机床数控系统说明书来使用各个功能字。

1）顺序号字N

顺序号又称程序段号或程序段序号。顺序号位于程序段之首，由顺序号字N和后续数字组成。顺序号字N是地址符，后续数字一般为1～4位的正整数。数控加工中的顺序号实际上是程序段的名称，与程序执行的先后次序无关。数控系统不是按顺序号的次序来执行程序，而是按照程序段编写时的排列顺序逐段执行。

(1)顺序号的作用：对程序的校对和检索修改；作为条件转向的目标，即作为转向目的程序段的名称。有顺序号的程序段可以进行复归操作，这是指加工可以从程序的中间开始，或从程序中断处开始。

(2)一般使用方法：编程时将第一程序段冠以N10，以后以间隔10递增的方法设置顺序号，这样，在调试程序时，如果需要在N10和N20之间插入程序段时，就可以使用N11、N12等。

2)准备功能字G

准备功能字的地址符是G，又称为G功能或G指令，是用于建立机床或控制系统工作方式的一种指令。准备功能字的后续数字一般为1~3位正整数，G功能字的含义见表1-1。

G功能字含义表 表1-1

G功能字	FANUC系统	SIEMENS系统	G功能字	FANUC系统	SIEMENS系统
G00	快速移动点定位	快速移动点定位	G65	用户宏指令	—
G01	直线插补	直线插补	G70	精加工循环	英制
G02	顺时针圆弧插补	顺时针圆弧插补	G71	外圆粗切循环	米制
G03	逆时针圆弧插补	逆时针圆弧插补	G72	端面粗切循环	—
G04	暂停	暂停	G73	封闭切削循环	—
G05	—	通过中间点圆弧插补	G74	深孔钻循环	—
G17	*XY*平面选择	*XY*平面选择	G75	外径切槽循环	—
G18	*ZX*平面选择	*ZX*平面选择	G76	复合螺纹切削循环	—
G19	*YZ*平面选择	*YZ*平面选择	G80	撤销固定循环	撤销固定循环
G32	螺纹切削	—	G81	定点钻孔循环	固定循环
G33	—	恒螺距螺纹切削	G90	绝对值编程	绝对尺寸
G40	刀具补偿注销	刀具补偿注销	G91	增量值编程	增量尺寸
G41	刀具补偿——左	刀具补偿——左	G92	螺纹切削循环	主轴转速极限
G42	刀具补偿——右	刀具补偿——右	G94	每分钟进给量	直线进给率
G43	刀具长度补偿——正	—	G95	每转进给量	旋转进给率
G44	刀具长度补偿——负	—	G96	恒线速控制	恒线速度
G49	刀具长度补偿注销	—	G97	恒线速取消	注销G96
G50	主轴最高转速限制	—	G98	返回起始平面	—
G54~G59	加工坐标系设定	零点偏置	G99	返回*R*平面	—

3)尺寸字

尺寸字用于确定机床上刀具运动终点的坐标位置。

其中，第一组X、Y、Z、U、V、W、P、Q、R用于确定终点的直线坐标尺寸；第二组A、B、C、D、E用于确定终点的角度坐标尺寸；第三组I、J、K用于确定圆弧轮廓的圆心坐标尺寸。在一些数控系统中，还可以用P指令设定暂停时间、用R指令设定圆弧的半径等。

多数数控系统可以用准备功能字来选择坐标尺寸的制式，如FANUC诸系统可用G21/G22来选择米制单位或英制单位，也有些系统用系统参数来设定尺寸制式。采用米制时，一般单位为mm，如X100指令的坐标单位为100 mm。当然，一些数控系统可通过参数来选择不同的尺寸单位。

4)进给功能字 F

进给功能字的地址符是 F,又称为 F 功能或 F 指令,用于指定切削的进给速度。对于车床,F 可分为每分钟进给和主轴每转进给两种;对于其他数控机床,一般只用每分钟进给。F 指令在螺纹切削程序段中常用来指令螺纹的导程。

5)主轴转速功能字 S

主轴转速功能字的地址符是 S,又称为 S 功能或 S 指令,用于指定主轴转速。单位为 r/min。对于具有恒线速度功能的数控车床,程序中的 S 指令用来指定车削加工的线速度数。

6)刀具功能字 T

刀具功能字的地址符是 T,又称为 T 功能或 T 指令,用于指定加工时所用刀具的编号。对于数控车床,其后的数字还兼作指定刀具长度补偿和刀尖半径补偿用。

7)辅助功能字 M

辅助功能字的地址符是 M,后续数字一般为 1 ~3 位正整数,又称为 M 功能或 M 指令,用于指定数控机床辅助装置的开关动作。M 功能字的含义见表 1-2。

M 功能字含义表 表 1-2

M 功能字	含　义	M 功能字	含　义
M00	程序停止	M07	2 号冷却液开
M01	计划停止	M08	1 号冷却液开
M02	程序停止	M09	冷却液关
M03	主轴顺时针旋转	M30	程序停止并返回开始处
M04	主轴逆时针旋转	M98	调用子程序
M05	主轴旋转停止	M99	返回子程序
M06	换刀		

三、程序格式

1. 程序段格式

程序段是可作为一个单位来处理的、连续的字组,是数控加工程序中的一条语句。一个数控加工程序是若干个程序段组成的。

程序段格式是指程序段中的字、字符和数据的安排形式。现在一般使用字地址可变程序段格式,每个字长不固定,各个程序段中的长度和功能字的个数都是可变的。地址可变程序段格式中,在上一程序段中写明的、本程序段里又不变化的那些字仍然有效,可以不再重写。这种功能字称之为续效字。

程序段格式举例:

N30 G01 X88.1 Y30.2 F500 S3000 T02 M08

N40 X90(本程序段省略了续效字“G01,Y30.2,F500,S3000,T02,M08”,但它们的功能仍然有效。)

在程序段中,必须明确组成程序段的各要素:

(1)移动目标:终点坐标值 X、Y、Z;

(2)沿怎样的轨迹移动:准备功能字 G;

(3)进给速度:进给功能字 F;

(4)切削速度:主轴转速功能字 S;

(5)使用刀具:刀具功能字 T;

(6)机床辅助动作:辅助功能字 M。

2. 加工程序的一般格式

1)程序开始符、结束符

程序开始符、结束符是同一个字符,为 ISO 代码中的%,EIA 代码中的 EP,书写时要单列一段。

2)程序名

程序名有两种形式:一种是英文字母 O 和 1~4 位正整数组成;另一种是由英文字母开头,字母数字混合组成的。一般要求单列一段。

3)程序主体

程序主体是由若干个程序段组成的。每个程序段一般占一行。

4)程序结束指令

程序结束指令可以用 M02 或 M30,一般要求单列一段。

加工程序的一般格式举例:

```
%                                         // 开始符
01000                                     // 程序名
N10 G00 G54 X50 Y30 M03 S3000;  ⎫
N20 G01 X88.1 Y30.2 F500 T02 M08;⎬        // 程序主体
N30 X90;                         ⎭
......
N300 M30;
%                                         // 结束符
```

项目三　数控机床坐标系的建立

在数控编程时,为了描述机床的运动,简化程序编制的方法及保证纪录数据的互换性,数控机床的坐标系和运动方向均已标准化,ISO 和我国都拟定了命名的标准。通过这一部分的学习,要能够掌握机床坐标系、编程坐标系、加工坐标系的概念,具备实际动手设置机床加工坐标系的能力。

一、机床坐标系

1. 机床坐标系的确定

1)机床相对运动的规定

在机床上,工件被认为是静止的,而刀具是运动的。这样编程人员在不考虑机床上工件与刀具具体运动的情况下,就可以依据零件图样,确定机床的加工过程。

2)机床坐标系的规定

标准机床坐标系中 X、Y、Z 坐标轴的相互关系用右手笛卡尔直角坐标系决定。

在数控机床上,机床的动作是由数控装置来控制的,为了确定数控机床上的成形运动和辅助运动,必须先确定机床上运动的位移和运动的方向,这就需要通过坐标系来实现,这个坐标系被称之为机床坐标系。

例如铣床上,有机床的纵向运动、横向运动以及垂向运动,如图 1-9 所示。在数控加工中就应该用机床坐标系来描述。

标准机床坐标系中 X、Y、Z 坐标轴的相互关系用右手笛卡尔直角坐标系决定:

(1)伸出右手的大拇指、食指和中指,并互为 90°。则大拇指代表 X 坐标,食指代表 Y 坐标,中指代表 Z 坐标。

(2)大拇指的指向为 X 坐标的正方向,食指的指向为 Y 坐标的正方向,中指的指向为 Z 坐标的正方向。

(3)围绕 X、Y、Z 坐标旋转的旋转坐标分别用 A、B、C 表示,根据右手螺旋定则,大拇指的指向为 X、Y、Z 坐标中任意轴的正向,则其余四指的旋转方向即为旋转坐标 A、B、C 的正向,如图 1-10 所示。

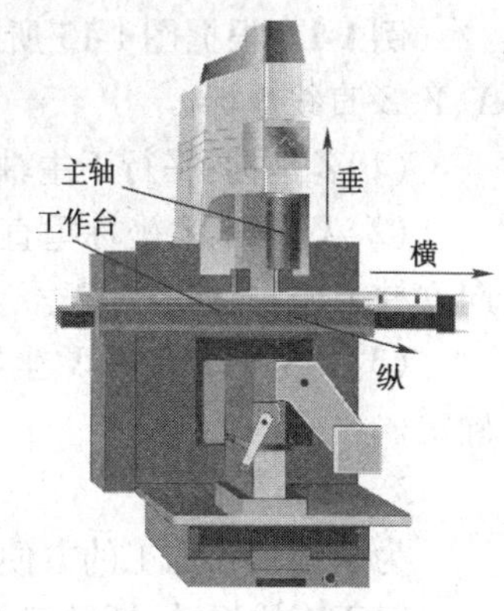

图 1-9　立式数控铣床

3)运动方向的规定

增大刀具与工件距离的方向即为各坐标轴的正方向,如图 1-11 所示为数控车床上两个运动的正方向。

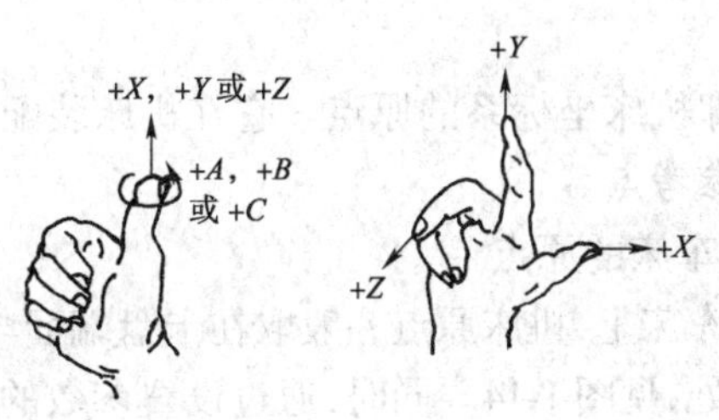

图 1-10　直角坐标系

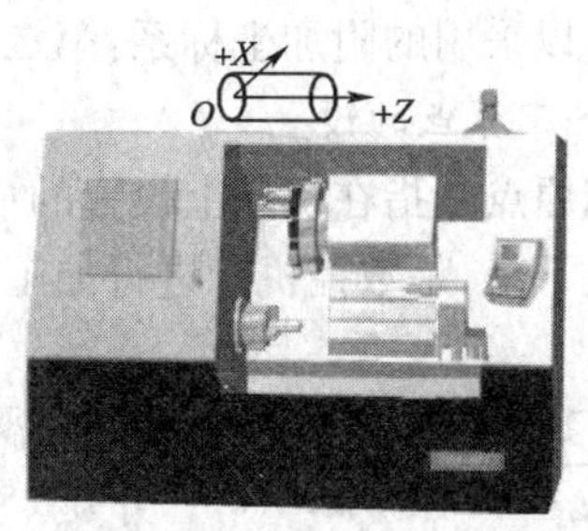

图 1-11　机床运动的方向

2. 坐标轴方向的确定

1)Z 坐标

Z 坐标的运动方向是由传递切削动力的主轴所决定的,即平行于主轴轴线的坐标轴即为 Z 坐标,Z 坐标的正向为刀具离开工件的方向。

如果机床上有几个主轴,则选一个垂直于工件装夹平面的主轴方向为 Z 坐标方向;如果主轴能够摆动,则选垂直于工件装夹平面的方向为 Z 坐标方向;如果机床无主轴,则选垂直于工件装夹平面的方向为 Z 坐标方向。图 1-12 所示为数控车床的 Z 坐标。

2)X 坐标

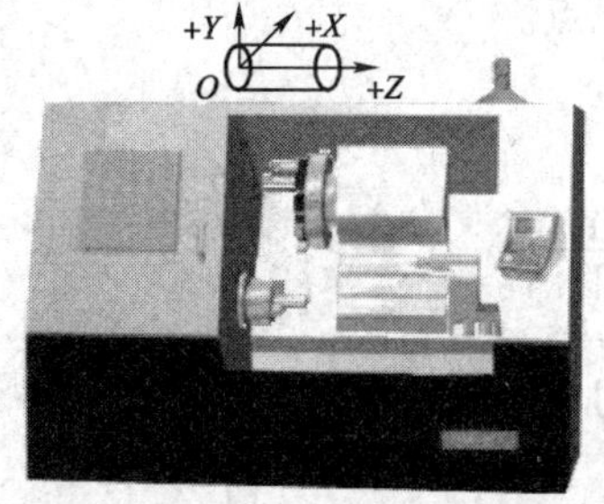

图 1-12　数控车床的坐标系

X 坐标平行于工件的装夹平面,一般在水平面内。确定 X 轴的方向时,要考虑两种情况:

(1)如果工件做旋转运动,则刀具离开工件的方向为 X 坐标的正方向。

(2)如果刀具做旋转运动,则分为两种情况:Z 坐标水平时,观察者沿刀具主轴向工件看,+X 运动方向指向右方;Z 坐标垂直时,观察者面对刀具主轴向立柱看,+X 运动方向指向右方。图 1-12 所示为数控车床的 X 坐标。

3) *Y* 坐标

在确定 *X*、*Z* 坐标的正方向后,可以用根据 *X* 和 *Z* 坐标的方向,按照右手直角坐标系来确定 *Y* 坐标的方向。图 1-12 所示为数控车床的 *Y* 坐标。

例 1-1 根据图 1-13 所示的数控立式铣床结构图,试确定 *X*、*Y*、*Z* 直线坐标。

(1) *Z* 坐标:平行于主轴,刀具离开工件的方向为正。

(2) *X* 坐标:*Z* 坐标垂直,且刀具旋转,所以面对刀具主轴向立柱方向看,向右为正。

(3) *Y* 坐标:在 *Z*、*X* 坐标确定后,用右手直角坐标系来确定。

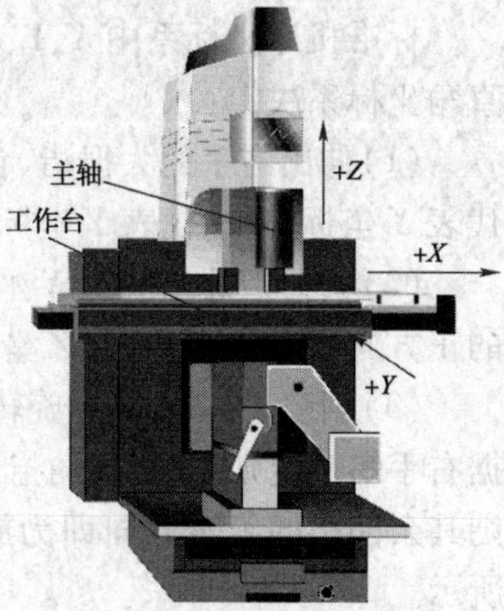

图 1-13 数控立式铣床的坐标系

3. 附加坐标系

为了编程和加工的方便,有时还要设置附加坐标系。

对于直线运动,通常建立的附加坐标系有:

1) 指定平行于 *X*、*Y*、*Z* 坐标轴

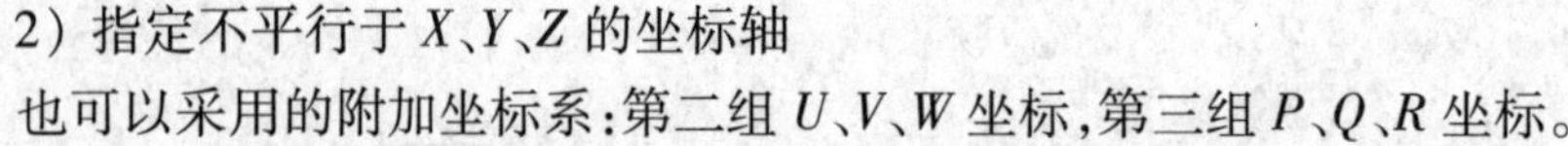

可以采用的附加坐标系:第二组 *U*、*V*、*W* 坐标,第三组 *P*、*Q*、*R* 坐标。

2) 指定不平行于 *X*、*Y*、*Z* 的坐标轴

也可以采用的附加坐标系:第二组 *U*、*V*、*W* 坐标,第三组 *P*、*Q*、*R* 坐标。

4. 机床原点的设置

机床原点是指在机床上设置的一个固定点,即机床坐标系的原点。它在机床装配、调试时就已确定下来,是数控机床进行加工运动的基准参考点。

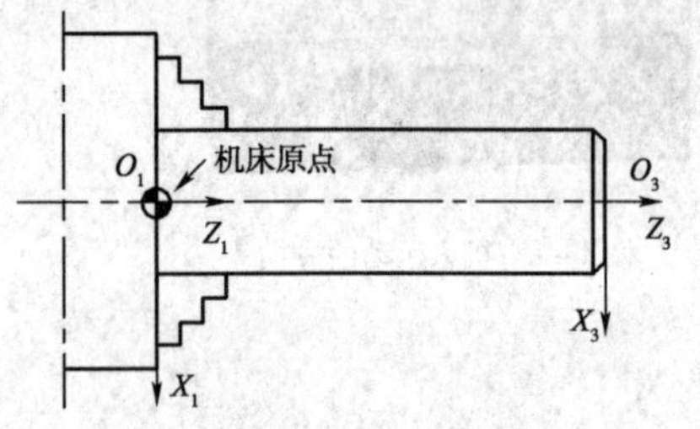

图 1-14 车床的机床原点

1) 数控车床的原点

在数控车床上,机床原点一般取在卡盘端面与主轴中心线的交点处,见图 1-14。同时,通过设置参数的方法,也可将机床原点设定在 *X*、*Z* 坐标的正方向极限位置上。

2) 数控铣床的原点

在数控铣床上,机床原点一般取在 *X*、*Y*、*Z* 坐标的正方向极限位置上,见图 1-15。

5. 机床参考点

机床参考点是用于对机床运动进行检测和控制的固定位置点。

机床参考点的位置是由机床制造厂家在每个进给轴上用限位开关精确调整好的,坐标值已输入数控系统中。因此参考点对机床原点的坐标是一个已知数。

通常在数控铣床上机床原点和机床参考点是重合的;而在数控车床上机床参考点是离机床原点最远的极限点。图 1-16 所示为数控车床的参考点与机床原点。

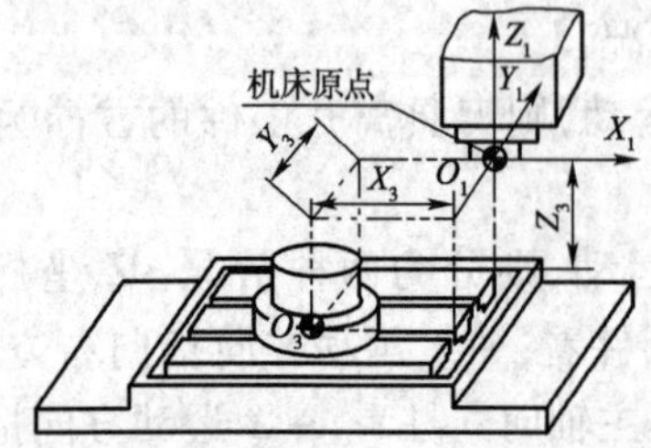

图 1-15 铣床的机床原点(尺寸单位:mm)

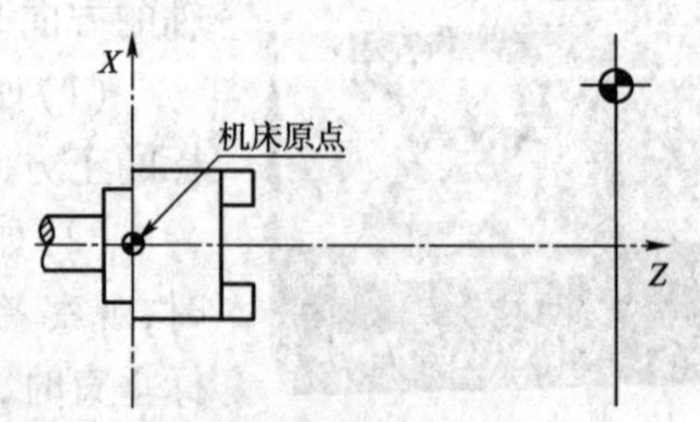

图 1-16 数控车床的参考点(尺寸单位:mm)

数控机床开机时，必须先确定机床原点，而确定机床原点的运动就是刀架返回参考点的操作，这样通过确认参考点，就确定了机床原点。只有机床参考点被确认后，刀具（或工作台）移动才有基准。

二、编程坐标系

编程坐标系是编程人员根据零件图样及加工工艺等建立的坐标系。

编程坐标系一般供编程使用，确定编程坐标系时不必考虑工件毛坯在机床上的实际装夹位置。如图 1-17 所示，其中 O_2 即为编程坐标系原点。

编程原点是根据加工零件图样及加工工艺要求选定的编程坐标系的原点。编程原点应尽量选择在零件的设计基准或工艺基准上，编程坐标系中各轴的方向应该与所使用的数控机床相应的坐标轴方向一致，如图 1-18 所示为车削零件的编程原点。

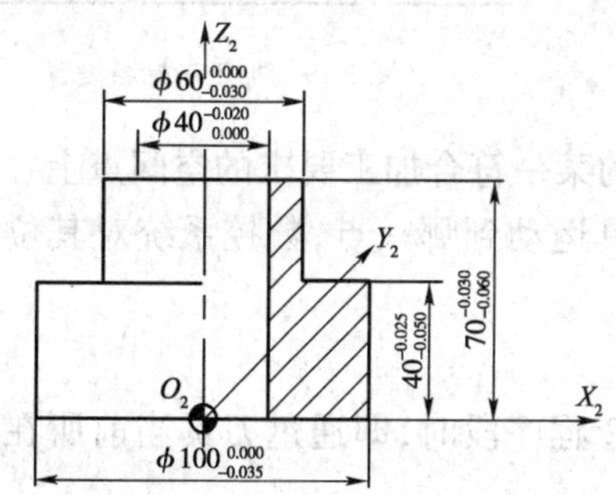

图 1-17　编程坐标系（尺寸单位：mm）

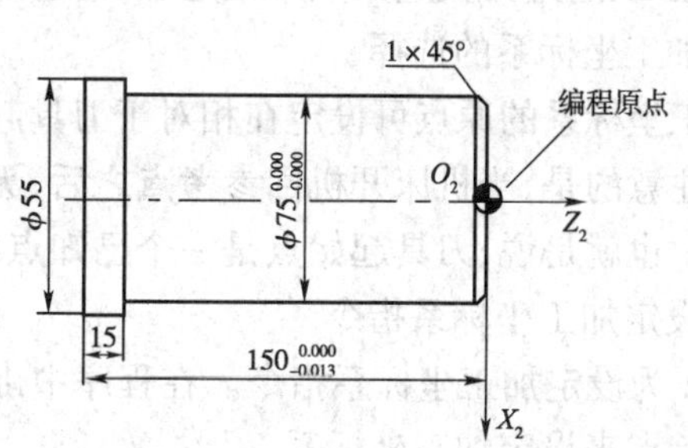

图 1-18　确定编程原点（尺寸单位：mm）

三、加工坐标系

1. 加工坐标系的确定

加工坐标系是指以确定的加工原点为基准所建立的坐标系。

加工原点也称为程序原点，是指零件被装夹好后，相应的编程原点在机床坐标系中的位置。

在加工过程中，数控机床是按照工件装夹好后所确定的加工原点位置和程序要求进行加工的。编程人员在编制程序时，只要根据零件图样就可以选定编程原点、建立编程坐标系、计算坐标数值，而不必考虑工件毛坯装夹的实际位置。对于加工人员来说，则应在装夹工件、调试程序时，将编程原点转换为加工原点，并确定加工原点的位置，在数控系统中给予设定（即给出原点设定值），设定加工坐标系后就可根据刀具当前位置，确定刀具起始点的坐标值。在加工时，工件各尺寸的坐标值都是相对于加工原点而言的，这样数控机床才能按照准确的加工坐标系位置开始加工。图 1-17 中 O_3 为加工原点。

2. 加工坐标系的设定

方法一：在机床坐标系中直接设定加工原点。

例 1-2　以图 1-17 为例，在配置 FANUC-OM 系统的立式数控铣床上设置加工原点 O_3。

1）加工坐标系的选择

编程原点设置在工件轴心线与工件底端面的交点上。

设工作台工作面尺寸为 800mm × 320mm，若工件装夹在接近工作台中间处，则确定了加工坐标系的位置，其加工原点 O_3 就在距机床原点 O_1 为 X_3、Y_3、Z_3 处。并且 X_3 =

-345.700mm，$Y_3=-196.220$mm，$Z_3=-53.165$mm。

2）设定加工坐标系指令

（1）G54～G59 为设定加工坐标系指令。G54 对应一号工件坐标系，其余以此类推。可在 MDI 方式的参数设置页面中，设定加工坐标系。如对已选定的加工原点 O_3，将其坐标值

$$X_3=-345.700\text{mm}$$

$$Y_3=-196.220\text{mm}$$

$$Z_3=-53.165\text{mm}$$

设在 G54 中，则表明在数控系统中设定了 1 号工件加工坐标。设置页面如图 1-19 所示。

WORK COORDINATES 0023 N0010
NO. (SHFIT) NO. (G55)
00 02
X 0.000 X -342.892
Y 0.000 Y -195.670
Z 0.000 Z -68.350
NO. (G54) NO. (G56)
01 03
X -345.700 X 0.000
Y -196.220 Y 0.000
Z -53.165 Z 0.000
ADRS
08:58:48
HNDL
[WEAR] [MACRO] [MENU] [WORK] [TOOL LF]

图 1-19　加工坐标系设置

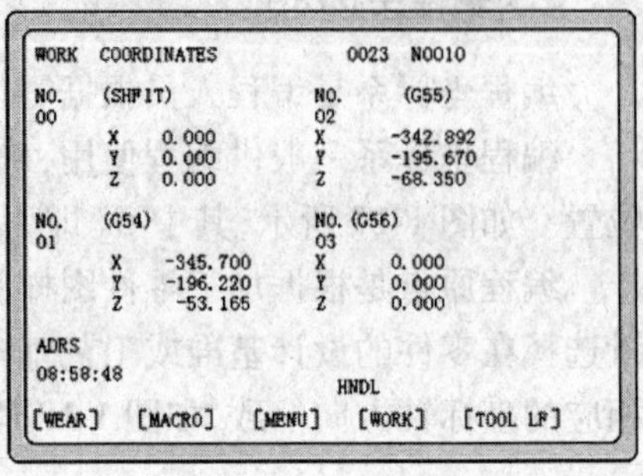

（2）G54～G59 在加工程序中出现时，即选择了相应的加工坐标系。

方法二：通过刀具起始点来设定加工坐标系。

1）加工坐标系的选择

加工坐标系的原点可设定在相对于刀具起始点的某一符合加工要求的空间点上。

应注意的是，当机床开机回参考点之后，无论刀具运动到哪一点，数控系统对其位置都是已知的。也就是说，刀具起始点是一个已知点。

2）设定加工坐标系指令

G92 为设定加工坐标系指令。在程序中出现 G92 程序段时，即通过刀具当前所在位置即刀具起始点来设定加工坐标系。

G92 指令的编程格式：G92 X __ Y __ Z __；

该程序段运行后，就根据刀具起始点设定了加工原点，如图 1-20 所示。

从图 1-20 中可看出，用 G92 设置加工坐标系，也可看做是：在加工坐标系中，确定刀具起始点的坐标值，并将该坐标值写入 G92 编程格式中。

例 1-3　在图 1-21 中，当 $a=50$mm，$b=50$mm，$c=10$mm 时，试用 G92 指令设定加工坐标系。

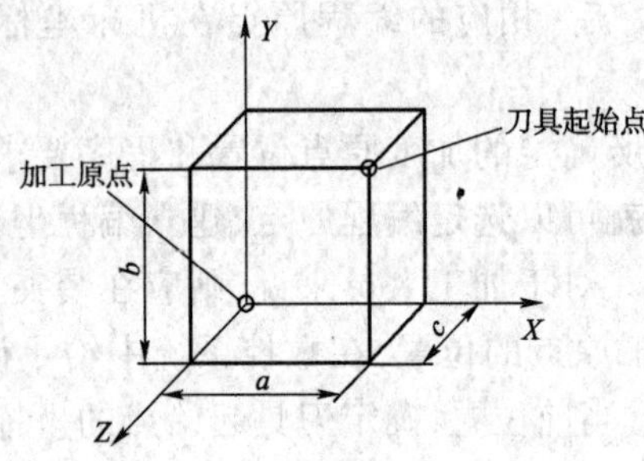

Y
刀具起始点
加工原点
b
c
X
a
Z

图 1-20　设定加工坐标系

Y
刀具起始点
加工原点
50
10
X
50
Z

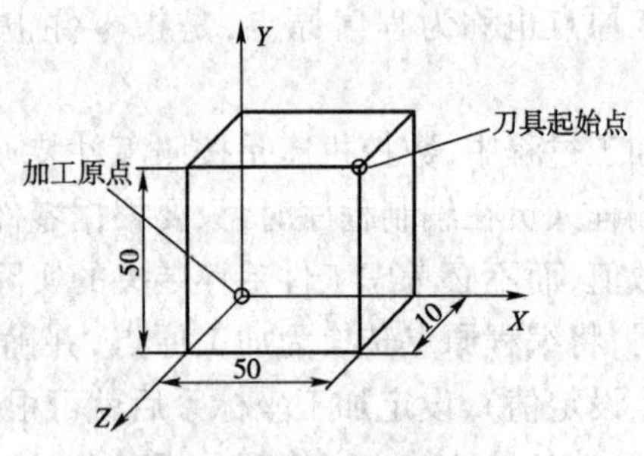

图 1-21　设定加工坐标系应用

设定程序为：G92 X50 Y50 Z10；

下面以数控铣床（FANUC OM）加工坐标系的设定为例，说明工作步骤。

在选择了图 1-22 所示的被加工零件图样，并确定了编程原点位置后，可按以下方法进行加工坐标系设定：

1）准备工作

让机床返回参考点，确认机床坐标系。

2）装夹工件毛坯

通过夹具使零件定位，并使工件定位基准面与机床运动方向一致。

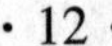

3）对刀测量

用简易对刀法测量，方法如下：

用直径为 ϕ10mm 的标准测量棒、塞尺对刀，得到测量值为 $X = -437.726$，$Y = -298.160$，如图 1-23 所示；$Z = -31.833$，如图 1-24 所示。

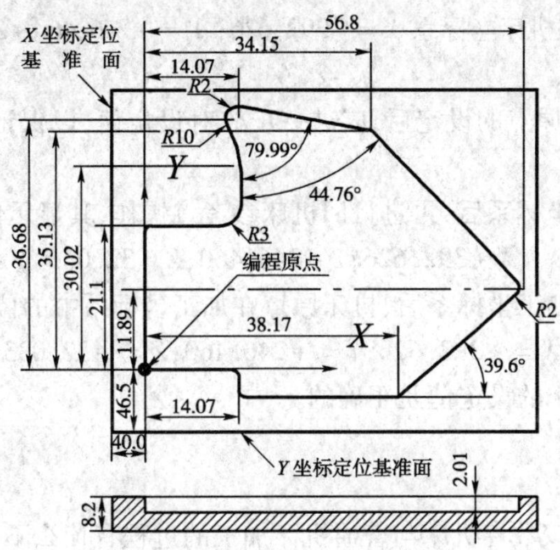

图 1-22　零件图样（尺寸单位：mm）

4）计算设定值

按图 1-23 所示，将前面已测得的各项数据，按设定要求运算。

X 坐标设定值：

$$X = -437.726 + 5 + 0.1 + 40.0 = -392.626$$

式中：−437.726——X 坐标显示值；

+5——测量棒半径值；

+0.1——塞尺厚度；

+40.0——编程原点到工件定位基准面在 X 坐标方向的距离。

Y 坐标设定值：

$$Y = -298.160 + 5 + 0.1 + 46.5 = -246.46$$

式中，如图 1-23 所示，−298.160 为坐标显示值；+5 为测量棒半径值；+0.1 为塞尺厚度；+46.5 为编程原点到工件定位基准面在 Y 坐标方向的距离。

Z 坐标设定值：

$$Z = -31.833 - 0.2 = -32.033$$

式中：−31.833——坐标显示值；−0.2 为塞尺厚度，如图 1-24 所示。

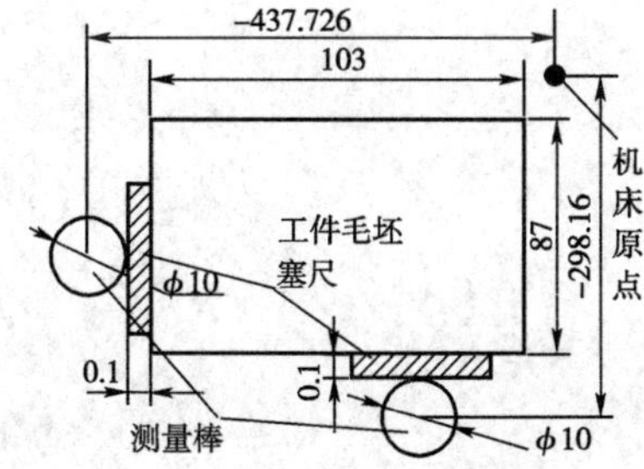

图 1-23　X、Y 向对刀方法（尺寸单位：mm）

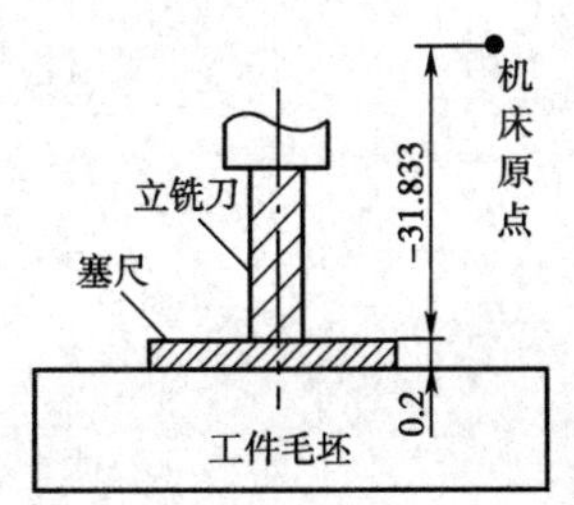

图 1-24　Z 向对刀方法（尺寸单位：mm）

通过计算结果为:$X = -392.626; Y = -246.460; Z = -32.033$。

5)设定加工坐标系

将开关置于 MDI 方式下,进入加工坐标系设定页面。输入数据为:

$$X = -392.626; Y = -246.460; Z = -32.033$$

表示加工原点设置在机床坐标系 $X = -392.626$; $Y = -246.460$; $Z = -32.033$ 的位置上。

6)校对设定值

对于初学者,在加工原点的设定后,应进一步校对设定值,以保证参数的正确性。校对工作的具体过程如下:

在设定了 G54 加工坐标系后,再进行回机床参考点操作,其显示值为:

$$X + 392.626; Y + 246.460; Z + 32.033$$

这说明在设定 G54 加工坐标系后,机床原点在加工坐标系中的位置为:

$$X = +392.626; Y = +246.460; Z = +32.033$$

这反过来也说明 G54 的设定值是正确的。

思考与练习

1. 什么是数控?比较数控机床与普通机床加工的过程有什么不同?
2. 数控机床的加工原理是什么?
3. 数控机床是由哪几个部分组成的?各有什么作用?
4. 什么是开环、闭环、半闭环数控机床?它们之间有什么区别?
5. 数控机床有哪些类型?
6. 加工中心与一般数控机床相比有什么特点?
7. 目前数控技术大致向哪几个方向发展?
8. 数控机床对刀具和夹具有什么要求?
9. 数控机床适合加工什么样的零件?

模块二　数控车床编程与加工操作

项目一　数控车床操作入门

数控车床作为当今使用最广泛的数控机床之一，主要用于加工轴类、盘套类等回转体零件，能够通过程序控制自动完成内外圆柱面、锥面、圆弧、螺纹等工序的切削加工，并进行切槽、钻、扩、铰孔等作业，而近年来研制出的数控车削中心和数控车铣中心，使得在一次装夹中可以完成更多的加工工序，提高了加工质量和生产效率，因此特别适宜复杂形状的回转体零件的加工。

课题 2.1.1　数控车床介绍

一、数控车床的种类

数控车床主要用来加工轴类零件的内外圆柱面、圆锥面、螺纹表面、成形回转体表面等。对于盘类零件，可进行钻、扩、铰、镗孔等加工。数控车床还可以完成车端面、切槽等加工。随着数控车床制造技术的不断发展，形成了产品繁多、规格不一的局面。因而也出现了几种不同的分类方法。

1. 按数控系统的功能分

1）经济型数控车床

如图 2-1 所示，经济型数控车床一般是在普通车床基础上进行改进设计的，采用步进电动机驱动的开环伺服系统，其控制部分采用单板机或单片机。此类车床结构简单，价格低廉，但无刀尖圆弧半径补偿和恒线速切削等功能。

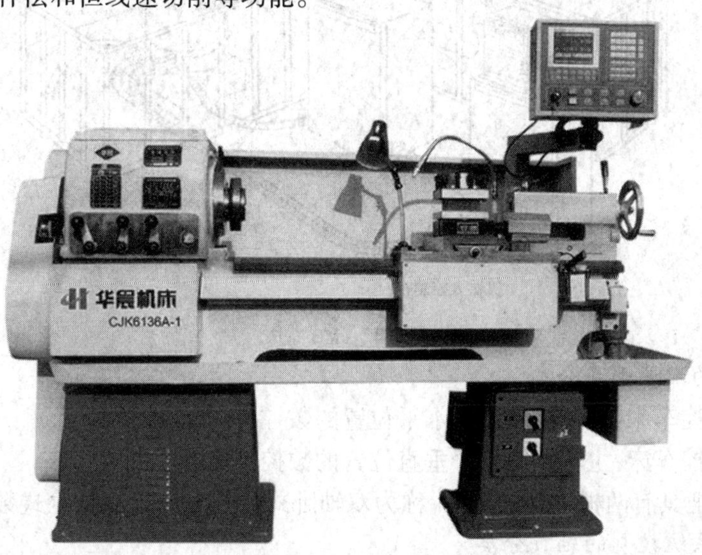

图 2-1　经济型数控车床

2)全功能型数控车床

如图 2-2 所示,全功能型数控车床一般采用闭环或半闭环控制系统,具有高刚度、高精度和高效率等特点。此类车床具备刀尖圆弧半径补偿和恒线速切削等功能。

3)车削中心

如图 2-3 所示,车削中心是以全功能型数控车床为主体,并配置刀库、换刀装置、分度装置、铣削动力头和机械手等,实现多工序的复合加工的机床。在工件一次装夹后,它可完成回转类零件的车、铣、钻、铰、攻螺纹等多种加工工序。其功能全面,但价格较高。

图 2-2　全功能型数控车床　　图 2-3　车削中心

4)FMC 车床

如图 2-4 所示,FMC 车床实际上是一个由数控车床、机器人等构成的柔性加工单元。它能实现工件搬运、装卸的自动化和加工调整准备的自动化。

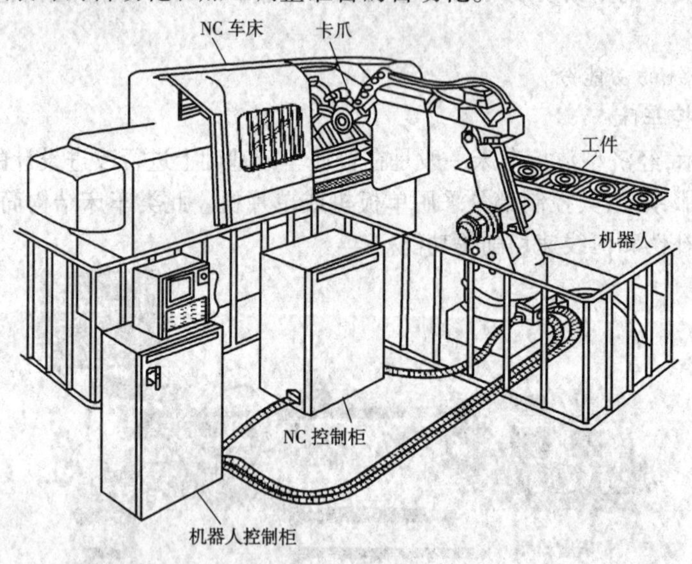

图 2-4　FMC 车床

2. 按主轴的配置形式分类

(1)卧式数控车床:主轴轴线处于水平位置的数控车床。

(2)立式数控车床:主轴轴线处于垂直位置的数控车床。

通常,我们把具有两根主轴的车床,称为双轴卧式数控车床或双轴立式数控车床。

3. 按数控系统控制的轴数分类

(1)两轴控制的数控车床:机床上只有一个回转刀架,可实现两坐标轴联动控制。

(2)四轴控制的数控车床:机床上有两个独立的回转刀架,可实现四轴联动控制。

对于车削中心或柔性制造单元,还要增加其他的附加坐标轴来满足机床的功能。目前,我国使用较多的是中小规格的两坐标连续控制的数控车床。

二、数控车床的组成

数控车床由床身、主轴箱、刀架进给系统、冷却润滑系统及数控系统组成。与普通车床所不同的是数控车床的进给系统与普通车床有本质的区别,它没有传统的走刀箱、溜板箱和挂轮架,而是直接用伺服电机或步进电机通过滚珠丝杠驱动溜板和刀具,实现进给运动。数控系统由 NC 单元及输入输出模块,操作面板组成。

1. 数控车床的机械构成

从机械结构上看,数控车床还没有脱离普通车床的结构形式,即由床身、主轴箱、刀架进给系统,液压、冷却、润滑系统等部分组成。与普通车床所不同的是数控车床的进给系统与普通车床有本质的区别,它没有传统的走刀箱、溜板箱和挂轮架,而是直接用伺服电机通过滚珠丝杠驱动溜板和刀具,实现运动,因而大大简化了进给系统的结构。由于要实现计算机数字控制,因此,数控车床要有 CNC 装置电器控制和操作面板。图 2-5 所示为数控车床构成的各部分及其名称。

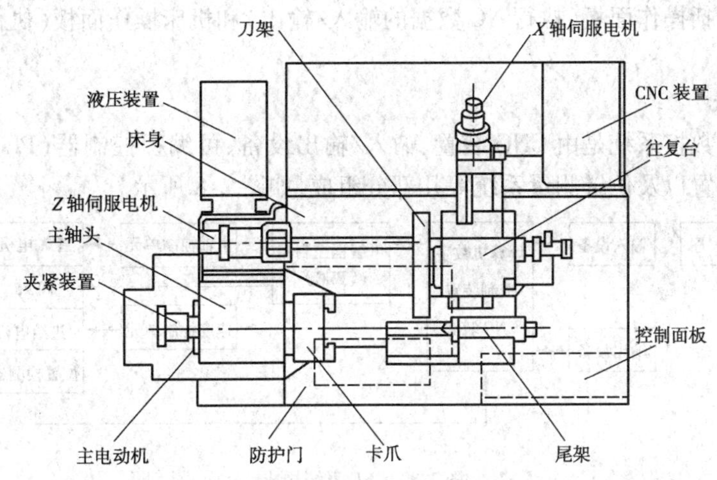

图 2-5 数控车床的构成

1)主轴箱

图 2-6 所示为数控车床主轴箱的构造,主轴伺服电机通过皮带轮带动主轴箱内的变速齿轮调节主轴的转速。主轴箱的一端装有夹紧卡盘,可将工件装夹在此。

2)主轴伺服电机

主轴伺服电机有交流和直流之分。直流伺服电机可靠性高,容易在宽范围内控制转矩和速度,因此被广泛使用。然而,近年来小型、高速度、更可靠的交流伺服电机作为电机控制技术的发展成果越来越多地被人们利用。

3)夹紧装置

这套装置通过液压可自动控制卡爪的开/合。

4)往复拖板

往复拖板上装有刀架,刀具可以通过拖板实现主轴的方向定位和移动,从而与 Z 轴伺服电机共同完成长度方向的切削。

5)刀架

此装置可以固定刀具和索引刀具,使刀具在与主轴垂直方向上定位,并同 Z 轴伺服电机共同完成截面方向的切削。图 2-7 所示为刀架结构。

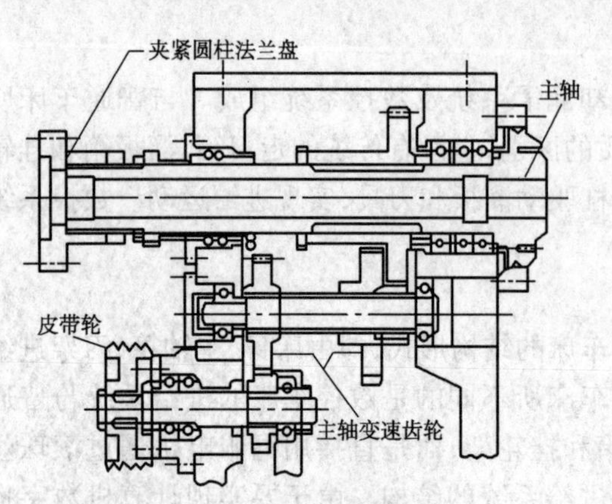

图 2-6　数控车床主轴箱的构造

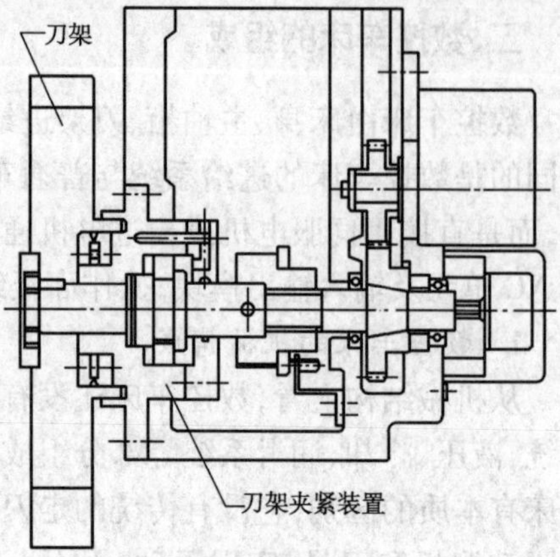

图 2-7　刀架结构

6)控制面板

控制面板包括操作面板(执行 NC 数据的输入/输出)和机床操作面板(执行机床的手动操作)。

2. 数控系统

数控车床的数控系统是由 CNC 装置、输入/输出设备、可编程控制器(PLC)、主轴驱动装置和进给驱动装置以及位置测量系统等几部分组成,如图 2-8 所示。

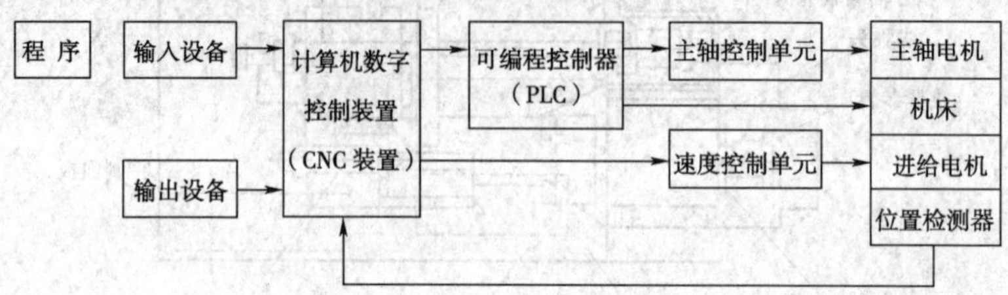

图 2-8　CNC 系统构成

数控车床通过 CNC 装置控制机床主轴转速、各进给轴的进给速度以及其他辅助功能。

三、数控机床坐标系的建立

1. 设定数控车床的机床坐标系

机床坐标系是机床固有的坐标系,是制造和调整机床的基础,也是设置工件坐标系的基础。机床坐标系在出厂前已经调整好,一般不允许随意变动。参考点也是机床上的一个固定不变的极限点,其位置由机械挡块或行程开关来确定。通过回机械零点可确认机床坐标系,而回机械零点前则先要开机。数控车床的开机有难有易,对于配图产系统的车床,开机大都比较简单,一般打开电源后,直接启动数控系统即可。开机后,通过回零,使工作台回到机床原点(或参考点,该点为与机床原点有一固定距离的点)。数控车床的回零(回参考点)步骤为:开关置于"回零"位置。按手动轴进给方向键 +X、+Z 至回零指示灯亮。开机后必须先回零(回参考点),若不作此项工作,则螺距误差补偿、背隙补偿等功能将无法实现。设定机床机械原点同编程中的 G54 指令有关。

2. 设定数控车床的工件坐标系

工件坐标系是编程时使用的坐标系,又称编程坐标系,该坐标系是人为设定的。建立工件坐标系是数控车床加工前的必不可少的一步。不同的系统,其方法各不相同。

1)西门子 802S 系统工件坐标系的建立方法

(1)转动刀架至基准刀(如 1 号刀)。

(2)在 MDA 状态下,输入"T1D0",使刀补为 0。

(3)机床回参考点。

(4)用试切法确定工件坐标原点:先切削试件的端面,Z 方向不动,若该点即为 Z 方向原点,则在参数下的零点偏置于目录的 G54 中,输入该点的 Z 方向机械坐标值 A 的负值,即 $Z=-A$。若 Z 方向原点在端面的左边 l 处,则在 G54 中输入 $Z=-(A+l)$,回车即可。同理试切外圆,X 方向不动。Z 方向退刀,记下 X 方向的机床坐标 A,量直径,得到半径 R,在 G54 的 X 中输入 $X=-(A+R)$,回车即可。

2)广数 GSK980T 系统工件坐标系的建立方法

(1)用手动方式,试切端面。

(2)在 Z 轴不动的情况下,沿 X 轴退刀,且停止主轴旋转。

(3)测量端面与工件坐标系零点间的距离 Z。然后在录入方式下输入"G50 Z",运行该句即可。

(4)同理,用手动方式车外圆,在 X 轴不动的情况下沿 Z 轴退刀,且停止主轴旋转,测量工件直径 X,在录入方式下输入"G50 X",运行该句即可。

3)广数 GSK928TC 工件坐标系的建立方法

(1)车外圆,沿 Z 向退刀,测得直径,按 INPUT X 输入直径值,然后回车。

(2)车端面,沿 X 向退刀,测得端面与工件坐标系原点间的距离,按 Input Z 键输入该距离值,然后回车。

3. 确定基准刀在工件坐标系中的位置

确定了工件坐标系后,可用 G50 指令确定第 1 把刀(基准刀)在工件坐标系中的位置。

4. 确定其他刀在工件坐标系中的位置

加工一个零件常需要几把不同的刀具,由于刀具安装及刀具本身的偏差,每把刀转到切削位置时,其刀尖所处的位置并不重合,为使用户在编程时无须考虑刀具间的偏差,需确定其他刀在工件坐标系中的位置,这需要通过对刀来实现。不同的系统,其对刀方法各不相同。

1)西门子 802S 系统的对刀方法

(1)选用某一把刀为基准刀,按下参数键和刀具补偿按钮,再按新刀具按钮,输入基准刀的刀号及刀沿(补)号。如基准刀为 1 号刀,选用 1 号刀沿(补),则刀具为 T1D1。

(2)调用对刀窗口,用基准刀车外圆,Z 向退刀,在对刀窗口的 X 轴零偏处输入 0(因是基准刀),按计算键后确认。

(3)调用其他各把刀具,确定刀号和刀沿(补)号,车外圆输入直径,车端面。输入台阶深度的负值。计算、确定即可。

2)广数 GSK980T 系统的对刀方法

(1)用基准刀试切工件,设定基准坐标系:试切端面 X 向退刀,进入录入方式,按程序按钮。输入"G50 Z0",即把该端面作为 Z 向基准面。然后按设置键,设置偏置号(基准刀

+100),输入“Z=0”,试切外圆,Z 向退刀,测得外圆直径 ϕ,进入录入方式,按程序按钮。输入 G50X ϕ,然后按设置键,设置偏号,基准刀偏置号 +100,$X=\phi$。

(2)调用其他各把刀具,车外圆,Z 向退刀。测得外圆直径,将所测得的值 ϕ 设到一偏置号中,该偏置为刀号 +100,如刀号为 2,则偏置号为 202,在此处输入 $X=\phi$。同理车台阶,X 向退刀,测得台阶深度 l,在偏置号处输入“Z = $-l$”。

3)广数 GSK928TC 系统的对刀方法

(1)用基准刀试切工件,用 INPUT 建立对刀坐标系,该坐标系的 Z 向原点,一般设在工件的右端,即把试切的端面作为 Z 向零点。

(2)调用其他各刀,如 2 号刀,用 T20 调用,然后试切外圆 Z 向退刀,测得直径 ϕ,然后按 I 键。输入 ϕ。试切台阶,X 向退刀,测得台阶深度为 l,然后按 K 键,输入 $-l$,刀补即设置完毕。

课题 2.1.2 系统操作面板说明及各功能键的作用

加工型数控车削系统 FANUC 0i mate-TB 的数控控制面板由显示屏、MDI 键盘两部分组成,如图 2-9 所示,各组成单元功能如下。

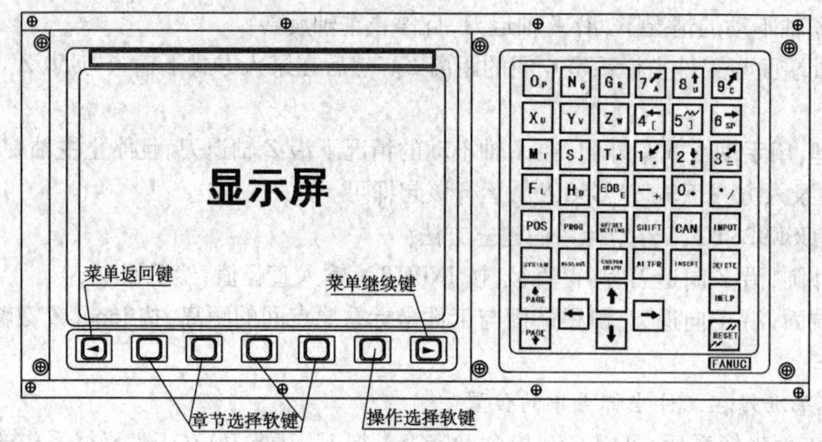

图 2-9 FANUC 0i mate-TB 数控车削系统的数控控制面板

1. 显示屏

它主要用来显示各功能画面信息,在不同的功能状态下,它显示的内容也不相同。在显示屏下方,有一排功能软键,通过它们可在不同的功能画面之间切换,显示用户所需要的信息。

2. MDI 键盘

如图 2-10 所示,MDI 键盘各键的意义如下:

地址/数字键:按这些键可输入字母、数字以及其他字符。

POS:按此键显示位置画面。

PROG:按此键显示程序画面。

OFFSET/SETTING:按此键显示偏置/设置

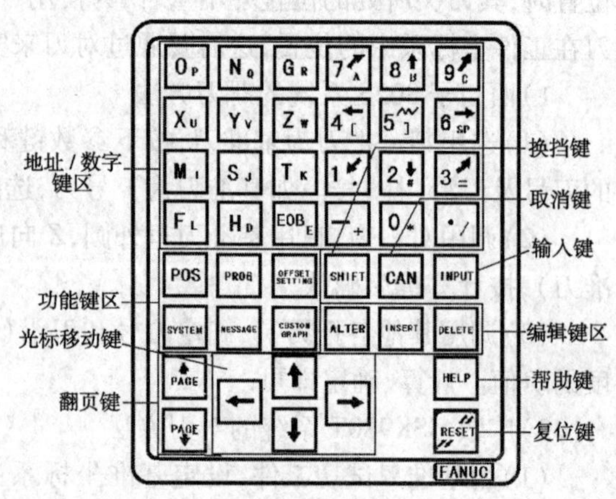

图 2-10 MDI 键盘

画面。

SYSTEM:按此键显示系统画面。

MESSAGE:按此键显示信息画面。

GRAPH:按此键显示图形画面。

CUSTOM:按此键显示用户宏画面。

光标移动键:用于在屏幕上移动光标。

翻页键(PAGE UP/DOWN):用于将屏幕显示内容向前或向后翻一页。

换挡键(SHIFT):当要输入地址/数字键中右下角字符时用此键。

取消键(CAN):按此键可删除已输入到键的输入缓冲器的最后一个字符。

输入键(INPUT):当要把键入到输入缓冲器中的数据拷贝到寄存器时,按此键。

编辑键:用于程序编辑。ALTER:替换;INSERT:插入;DELETE:删除。

帮助键(HELP):按此键用来显示如何操作机床的信息画面。

复位键(RESET):按此键可使 CNC 复位,消除报警等。

3. “功能键”菜单的常用选项

它的常用菜单选项(仅介绍一级菜单)如表 2-1 所示。

“功能键”菜单的常用选项功能简介 表 2-1

<table>
<tr><th>功能键</th><th>系统工作方式</th><th>章节菜单选项</th><th>注　解</th></tr>
<tr><td rowspan="4">POS
(位置)</td><td rowspan="4">任何工作方式</td><td>绝对</td><td>绝对坐标显示</td></tr>
<tr><td>相对</td><td>相对坐标显示</td></tr>
<tr><td>综合</td><td>绝对、相对、机械坐标同时显示</td></tr>
<tr><td>HNDL</td><td>手轮中断</td></tr>
<tr><td rowspan="17">PROG
(程序)</td><td rowspan="6">自动、DNC</td><td>程式</td><td>程序显示画面</td></tr>
<tr><td>检视</td><td>程序检查显示画面</td></tr>
<tr><td>现单节</td><td>当前程序段显示画面</td></tr>
<tr><td>次单节</td><td>下一个程序段显示画面</td></tr>
<tr><td>再开▶</td><td>程序再启动显示画面</td></tr>
<tr><td>DIR▶</td><td>显示文件目录画面</td></tr>
<tr><td rowspan="2">EDIT</td><td>程式</td><td>程序显示画面</td></tr>
<tr><td>DIR</td><td>显示程序目录画面</td></tr>
<tr><td rowspan="5">MDI</td><td>程式</td><td>程序显示画面</td></tr>
<tr><td>MDI</td><td>程序输入画面</td></tr>
<tr><td>现单节</td><td>当前程序段显示画面</td></tr>
<tr><td>次单节</td><td>下一个程序段显示画面</td></tr>
<tr><td>再开▶</td><td>程序再启动显示画面</td></tr>
<tr><td rowspan="4">手轮、手动、
步进、回参考点</td><td>程式</td><td>程序显示画面</td></tr>
<tr><td>现单节</td><td>当前程序段显示画面</td></tr>
<tr><td>次单节</td><td>下一个程序段显示画面</td></tr>
<tr><td>再开▶</td><td>程序再启动显示画面</td></tr>
</table>

续上表

功能键	系统工作方式	章节菜单选项	注　解
OFFSET/SETTING（偏值/设定）	任何工作方式	补正	刀具偏值
		SETTING	设定
		坐标系	工件坐标系
		MACRO▶	宏变量画面
SYSTEM（系统）	任何工作方式	参数	系统参数
		诊断	故障诊断
		SYSTEM	系统配置
MESSAGE（信息）	任何工作方式	ALARM	报警显示
		MESSAGE	信息画面
		过程	报警履历
HELP（帮助）	任何工作方式	ALARM	详细报警画面
		OPERATE	操作方法
		PARAM	参数表画面
GRAPH（图形）	任何工作方式	参数	图形参数设定
		图形	刀具轨迹显示
		扩大	图形放大或缩小

课题 2.1.3　数控车床的操作

1. 控制面板简介

以数控车床 CK6140 的操作面板如图 2-11 所示，各按键功能见表 2-2。

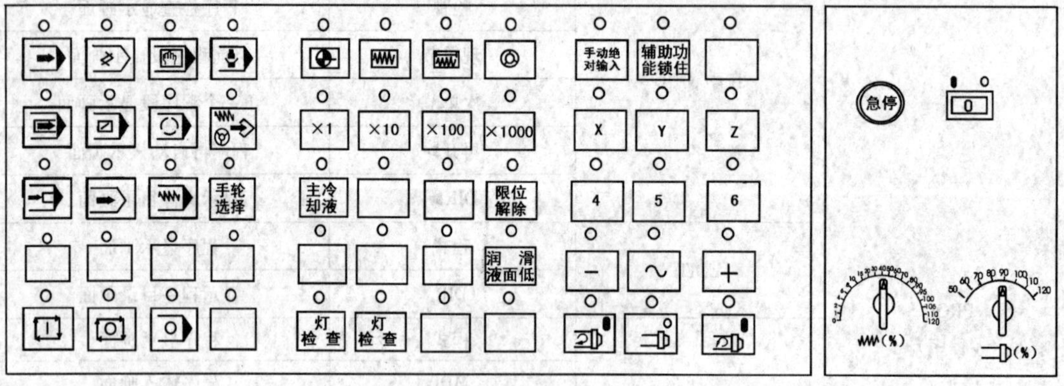

图 2-11　CK6140 的操作面板

2. 机床的开启与关机

1）开机

（1）打开机床主机上强电控制柜开关；

（2）在确认急停按钮处于急停状态下，开启数控系统；

（3）解除急停按钮，稍待片刻（约 3s），再按复位键；

（4）进行手动回参考点操作后，即可进行机床的正常操作。

2）关机

CK6140 操作面板的按键功能 表 2-2

按　键	功　能	按　键	功　能	按　键	功　能
	自动运行方式		程序编辑方式		MDI 方式
	DNC 运行方式		手动回参考点		手动运行方式
	手动增量方式		手轮方式	手动绝对输入	手动绝对输入
辅助功能锁住	机床辅助功能锁住		程序单段		跳选程序段
	M01 选择停止		手轮示教方式	×1	倍率 0.001
×10	倍率 0.01	×100	倍率 0.1	×1000	倍率 1
×	*X* 轴	Z	*Z* 轴		程序再启动
	进给锁住运行		空运行	手轮选择	手轮方式选择
主冷却液	冷却液电机开关	限位解除	超程解除	润滑液面低	润滑液面低报警指示
—	坐标轴负向	∼	快速进给	+	坐标轴正向
	循环启动		进给保持		M00 程序停止
灯检查	维修灯检查		主轴正转		主轴停
	主轴反转	急停	机床急停		程序写保护
0 1 2 4 6 8 10 15 20 30 40 50 60 70 80 90 95 100 105 110 120 (%)	进给修调	50 60 70 80 90 100 110 120 (%)	主轴转速修调		

(1)检查操作面板上循环启动的指示灯 LED,循环启动应在停止状态;

(2)检查 CNC 机床的所有可移动部件都处于停止状态;

(3)关闭与数控系统相连的外部输入/输出设备;

(4)关闭数控系统电源;

(5)切断机床主机电源。

3. 手动操作

1)手动返回参考点

按机床操作面板上的"回参考点"键,选择"回参考点"工作方式→进给修调开关置中挡→选坐标轴 X→按方向键"+"→X 轴即返回参考点,对应的 LED 将闪烁;选坐标轴 Z→按方向键"+"→Z 轴即返回参考点,对应的 LED 将闪烁。

注意:机床回参考点时,必须先回 X 轴,然后再回 Z 轴,否则,可能会造成刀架与机床尾座干涉。

2)手动连续进给(JOG)

按机床操作面板上的"手动"键→调整进给修调开关,选择合理的进给速度→根据需要选相应的坐标轴(X 或 Z)→按住方向键"+"或"-"不放→机床将在对应的坐标轴和方向上产生连续移动;在按某一方向键的同时,按下"快移键",机床将在对应方向上产生快速移动,其速度亦可通过进给修调开关调整。

3)增量进给

按机床操作面板上的"增量"键,选择"增量进给"工作方式→选取所需的增量倍率(×1、×10、×100 或 ×1000)→选择坐标轴(X 或 Z)→按方向键"+"或"-",每按一下方向键,刀具将在对应的方向上产生一个单位的增量位移,每一步可以是最小输入增量单位的 1 倍、10 倍、100 倍或 1000 倍(即 0.001、0.01、0.1 或 1mm)。

4)手轮进给

方法一:按机床操作面板上的"手轮"键,选择"手轮"工作方式→接通"手轮选择"钮→在手轮进给盒上选择所需的轴(X 或 Z)→在手轮进给盒上选取增量倍率单位(×1、×10、×100)→顺时针(正向)或逆时针(负向)旋转手轮→每摇一个刻度,刀具在对应的轴向上移动 0.001、0.01、0.1mm。

方法二:按机床操作面板上的"手轮"键,选择"手轮"工作方式→在机床操作面板上选择所需的坐标轴(X 或 Z)→在机床操作面板上选取所需的增量倍率(×1、×10、×100)→顺时针(正向)或逆时针(负向)旋转手轮→每摇一个刻度,刀具在对应的轴向上移动 0.001、0.01、0.1mm。

说明:

机床操作面板上的"手轮选择"按钮接通时,手轮进给盒上的轴向和倍率选择有效;机床操作面板上的"手轮选择"按钮断开时,机床操作面板上的轴向和倍率选择有效。

4. 自动运行

1)程序的调入

按机床操作面板上的程序编辑(EDIT)键,选择"程序编辑"工作方式→按 MDI 面板上程序(PROG)键→在 MDI 键盘上输入要调入的程序文件名(O××××)→按显示屏下的"O 检索"软键→显示屏上将显示出程序内容。

2)程序的校验

按机床操作面板上的自动运行(AUTO)键,选择"自动运行"工作方式→根据需要按下"程序单段"、"进给锁住"、"空运行"、"辅助功能(MST)锁住"键→按 MDI 键盘上的"图形(GRAPH)"键→按显示屏下的"参数"软键,设置合理的图形显示参数→按"图形"软键,显示屏上将出现一个坐标轴图形→在机床操作面板上选取合理的进给倍率→按机床操作面板上的

“循环启动”键，即可进行程序校验，屏幕上将同时绘出刀具运动轨迹。

说明：

(1)“程序单段”、“进给锁住”、“空运行”、“辅助功能(MST)锁住”，可根据需要单独选取或同时选取；

(2)若选取了“程序单段”，则系统每执行完一个程序段就会暂停，此时必须反复按“循环启动”键。

3)自动加工

(1)根据零件的尺寸、精度及加工工艺和技术要求，选择合适的工件毛坯材料；

(2)选择合适的装夹方式装夹工件；

(3)根据程序要求对刀；

(4)在“编辑(EDIT)”工作方式下调入程序→系统工作方式打到“自动”→通过校验确认程序准确无误后，选择合理的进给倍率和加工过程显示方式→按下机床操作面板上的“循环启动”键，即可进行自动加工。

说明：加工过程中，可根据需要选择所需的显示方式，如图形(刀具运动轨迹)显示、程序内容显示、坐标位置显示等。其操作方法参见数控系统有关章节。

4)加工过程处理

(1)加工暂停：按“进给保持”键暂停执行程序→按“点动”键将系统工作方式切换到“点动”→按“主轴停”可停主轴。

(2)加工恢复：在“点动”工作方式下按“主轴正转”键→将工作方式重新切换到“自动”→按“循环启动”键即可恢复自动加工。

(3)加工取消：加工过程中若想退出，可按 MDI 键盘上的“复位”(RESET)键退出加工。

5. MDI 运行

按机床操作面板上“MDI”键，选择“MDI”工作方式→按 MDI 键盘上“程序”(PROG)键→通过 MDI 键盘手工输入若干个程序段(不能超过 10 段，每输入完一个程序段，按 INPUT 键确认)→将光标移至程序头→按机床操作面板上的“循环启动”键，系统即可执行 MDI 程序。

6. DNC 运行

DNC 加工，也叫在线加工。DNC 运行的操作步骤是：将机床与计算机或网络联机→按机床操作面板上 DNC 键，选择“DNC”工作方式→按 MDI 面板上“程序”(PROG)键→按机床操作面板上“循环启动”键→光标闪烁等待“QUICK”输出一个程序→在计算机中通过“QUICK”软件将加工程序传输给 CNC→按“循环启动”键，即可进行 DNC 加工。

7. 程序编辑

(1)创建新程序：选择“程序编辑”工作方式→按 MDI 键盘上的“程序”(PROG)键→通过 MDI 键盘输入新程序文件名(O××××)→按 MDI 键盘上的“INSERT”键→通过 MDI 键盘输入程序，内容将在屏幕上显示出来。

(2)程序查找：选择“程序编辑”工作方式→按 MDI 键盘上的“程序”(PROG)键→通过 MDI 键盘输入要查找的程序文件名(O××××)→按屏幕下方的“O 检索”软键，屏幕上即可显示要查找的程序内容。

(3)程序修改：选择“程序编辑”工作方式→按 MDI 键盘上的“程序”(PROG)键→通过 MDI 键盘输入要查找的程序文件名(O××××)→按屏幕下方的“O 检索”软键，屏幕上即可显示要查找的程序内容→使用 MDI 键盘上的光标移动键和翻页键，将光标移至要修改的字符处→通过 MDI 键盘输入要修改的内容→按 MDI 键盘上的程序编辑键“ALTER、INSERT、DELETE”对程序内容进行“替代”、“插入”或“删除”等操作。

(4)程序删除:选择“程序编辑”工作方式→按 MDI 键盘上的“程序”(PROG)键→通过 MDI 键盘输入要删除的程序文件名(O××××)→按 MDI 键盘上的“删除”(DELETE)键,即可删除该程序文件。

(5)程序字符查找:选择“程序编辑”工作方式→按 MDI 键盘上的“程序”(PROG)键→通过 MDI 键盘输入要查找的程序文件名(O××××)→按屏幕下方的“O 检索”软键,屏幕上即可显示要查找的程序内容→通过 MDI 键盘输入要查找的字符→按屏幕下方的“检索↑”或“检索↓”软键,即可按要求向上或向下检索到要查找的字符。

8. 工件坐标系的建立

以 G54 为例,如图 2-12 所示,将工件右端面的圆心点 O 设为 G54 原点,操作方法如下:

(1)手动返回参考点;

(2)在手动方式下,用基准刀车削表面 A;

(3)仅仅在 X 轴向上退刀,不要移动 Z 轴,停止主轴;

(4)按 MDI 键盘上的“SETTING”键→按屏幕下方的“坐标系”软键→通过光标移动键将光标移至 G54(零点偏值)设置栏→在 MDI 键盘上输入“Z0”→按屏幕上的“测量”软键,将基准刀此时 Z 向坐标值设为 G54 的 Z 向“零点偏值”;

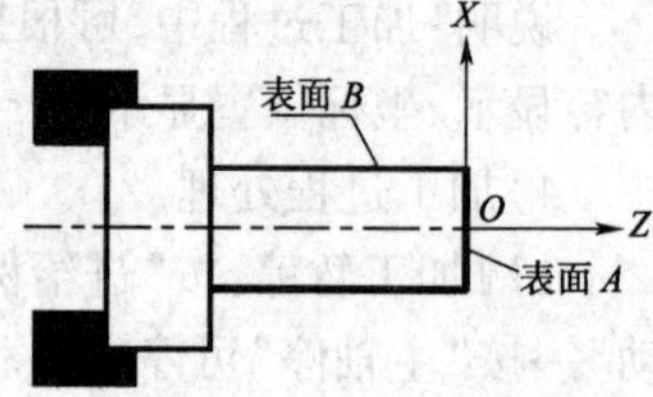

图 2-12　G54 坐标原点设置

(5)基准刀车表面 B;

(6)刀具沿 Z 轴方向上退出工件,停主轴;

(7)测量表面 B 的直径;

(8)按(4)中所述方法,在 MDI 键盘上输入“X+测量值”→按屏幕上的“测量”软键。将工件右端面的圆心点 O 的 X 轴坐标值设为 G54 的 X 向“零点偏值”。

至此,就将图中工件右端面的圆心点 O 设为 G54 的原点。

9. 刀具位置补偿

刀具位置补偿又称为刀具偏置补偿或刀具偏移补偿,亦称为刀具几何位置及磨损补偿。在下面三种情况下,均需进行刀具位置的补偿。

(1)在实际加工中,通常是用不同尺寸的若干把刀具加工同一轮廓尺寸的零件,而编程时是以其中一把刀为基准设定工件坐标系的,因此必须将所有刀具的刀尖都移到此基准点。利用刀具位置补偿功能,即可完成。

(2)对同一把刀来说,当刀具重磨后再把它准确地安装到程序所设定的位置是非常困难的,总是存在着位置误差。这种位置误差在实际加工时便成为加工误差。因此在加工前,必须用刀具位置补偿功能来修正安装位置误差。

(3)每把刀具在其加工过程中,都会有不同程度的磨损,而磨损后刀具的刀尖位置与编程位置存在差值,这势必造成加工误差,这一问题也可以用刀具位置补偿的方法来解决,只要修改每把刀具在相应存储器中的数值即可。

刀具位置补偿一般用机床所配对刀仪自动完成,也可用手动对刀和测量工件加工尺寸的方法,测出每把刀具的位置补偿量并输入到相应的存储器中。当程序执行了刀具位置补偿功能后,刀尖的实际位置就代替了原来的位置。这里主要介绍在没有对刀仪情况下的对刀方法。

1)基准刀

(1)如图 2-13 所示,用基准刀手动车削工件表面 A 和表面 B;

(2)将基准刀刀位点(刀尖)精确定位到表面 A 表面 B 的交点 C 上;

(3)按 MDI 键盘上的"POS"键→依次按屏幕下方的"相对"、"操作"、"起源"、"全轴"软键,将屏幕上显示的相对坐标(U、W)设为零。即将基准刀刀具偏值设为零。

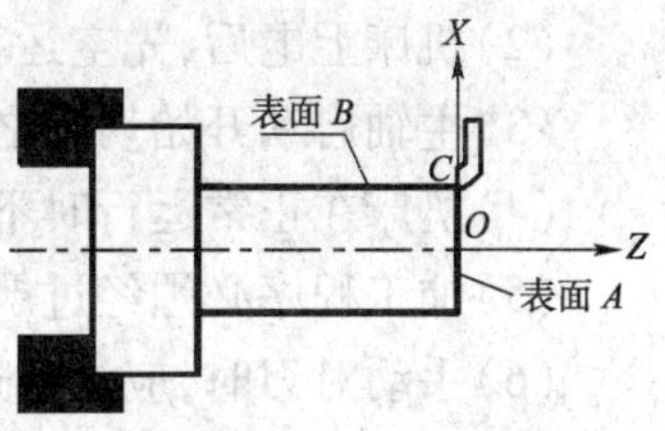

图 2-13 刀偏设置

2)其他刀

(1)手动方式将基准刀移开;

(2)MDI 方式换刀,如刀架上 2 号刀;

(3)手动方式将 2 号刀刀位点移至图中 C 点上(尽量精确);

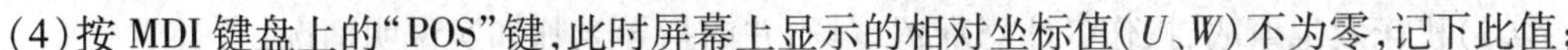

(4)按 MDI 键盘上的"POS"键,此时屏幕上显示的相对坐标值(U、W)不为零,记下此值;

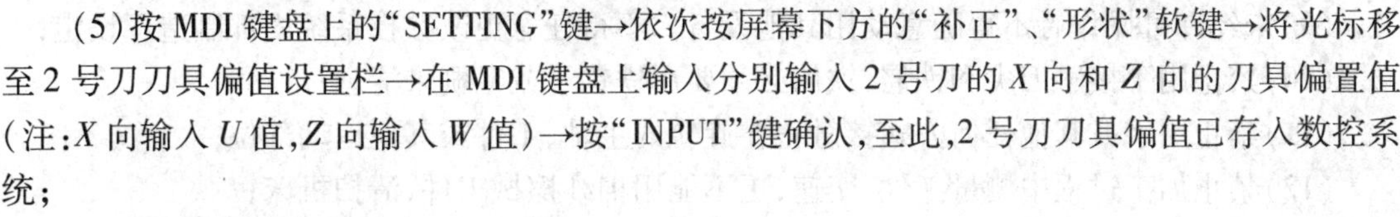

(5)按 MDI 键盘上的"SETTING"键→依次按屏幕下方的"补正"、"形状"软键→将光标移至 2 号刀刀具偏值设置栏→在 MDI 键盘上输入分别输入 2 号刀的 X 向和 Z 向的刀具偏置值(注:X 向输入 U 值,Z 向输入 W 值)→按"INPUT"键确认,至此,2 号刀刀具偏值已存入数控系统;

(6)其余刀刀具偏值的设定同 2 号刀。

10. 超程解除

在手轮工作方式下,按住机床操作面板上"限位解除"键同时,通过手轮从与超程方向相反的方向退出。

课题 2.1.4 文明安全生产

数控操作者应该养成文明生产的良好工作习惯和严谨的工作作风,具有良好的职业素质、责任心,严格遵守以下数控车床安全操作规程:

一、安全操作基本注意事项

(1)工作时必须穿好工作服、安全鞋,戴好工作帽及防护镜,不允许戴手套操作机床;

(2)注意不要移动或损坏安装在机床上的警示标牌;

(3)注意不要在机床周围放置障碍物,工作空间应足够大;

(4)某一项工作如需要两人或多人共同完成时,应注意相互间的协调一致;

(5)不允许采用压缩空气清洗机床、电气柜及数控单元。

二、工作前的准备工作

(1)机床工作开始工作前要有预热,认真检查润滑系统工作是否正常,如机床长时间未开动,可先采用手动方式向各部分供给润滑油;

(2)使用的刀具应与机床允许的规格相符,有严重破损的刀具要及时更换;

(3)调整刀具所用工具不要遗忘在机床内;

(4)大尺寸轴类零件的中心孔是否合适,中心孔如太小,工作中易发生危险;

(5)刀具安装好后应进行一、二次试切削;

(6)检查卡盘夹紧工作的状态;

(7)机床开动前,必须关好机床防护门。

三、工作过程中的安全注意事项

(1)系统上电后,在系统引导过程中,不要按面板上任何键,以免影响机床的正常运行;
(2)机床上电后,先空运行 2~3 分钟,检查机床有无异常现象;
(3)主轴启动开始切削之前一定关好防护罩门,程序正常运行中严禁开启防护罩门;
(4)机床在正常运行时不允许打开电气柜的门;
(5)加工程序必须经过严格检验方可进行操作运行;
(6)手动对刀时,应注意选择合适的进给速度;手动换刀时,刀架距工件要有足够的转位距离不至于发生碰撞;
(7)加工过程中,如出现异常现象,可按下“急停”按钮,以确保人身和设备的安全;
(8)机床发生事故,操作者注意保留现场,并向指导老师如实说明情况;
(9)未经许可操作者不得随意动用其他设备。不得任意更改数控系统内部制造厂设定;
(10)禁止用手接触刀尖和铁屑,铁屑必须要用铁钩子或毛刷来清理;
(11)禁止用手或其他任何方式接触正在旋转的主轴、工件或其他运动部位;
(12)禁止加工过程中测量工件、变速,更不能用棉纱擦拭工件,清扫机床;
(13)车床运转中,操作者不得离开岗位,如机床发现异常现象,应立即停车;
(14)经常检查轴承温度,过高时应找有关人员进行检查;
(15)在加工过程中,不允许打开机床防护门;
(16)严格遵守岗位责任制,机床由专人使用,他人使用须经本人同意;
(17)工件伸出车床以外时,须在伸出位置设防护物;
(18)经常润滑机床导轨,做好机床的清洁和保养工作。

四、工作完成后的注意事项

(1)清除切屑、擦拭机床,使机床与环境保持清洁状态;
(2)注意检查和更换磨损坏了的机床导轨上的油擦板;
(3)检查润滑油、冷却液的状态,及时添加或更换;
(4)依次关掉机床操作面板上的电源和总电源。

项目二 轴类零件的程序编制

课题 2.2.1 外圆、端面、台阶的加工

一、编程知识

1. 指令的格式、含义及使用方法

1)快速定位指令 G00

格式:G00 X(*U*)__ Z(*W*)__;

说明:

(1)G00 指令使刀具从当前点快速移动到程序段中指定的位置,G00 可以简写成 G0。
(2)X(*U*)、Z(*W*)为目标点坐标,绝对坐标 (*X*、*Z*)和增量坐标(*U*、*W*)可以混编,不运动的

坐标可以省略,X、U 的坐标值均为直径量。

(3)程序中只有一个坐标值 X 或 Z 时,刀具将沿该坐标方向移动;有两个坐标值 X 和 Z 时,刀具将先以 1:1 步数两坐标联动,然后单坐标移动,直到终点。

(4)G00 快速移动速度可在数控系统参数中设定,通过操作面板上的速度修调开关可进行调节。

2)直线插补指令 G01

格式:G01 X(U)__ Z(W)__ F __;

说明:

(1)G01 指令使刀具以 F 指定的进给速度直线移动到目标点,一般将其作为切削加工运动指令,既可以单坐标移动,又可以两坐标同时插补运动。X(U)、Z(W)为目标点坐标。

(2)F 为进给量,在 G98 指令下,F 为每分钟进给(mm/min);在 G99(默认状态)指令下,F 为每转进给(mm/r)。

(3)程序中只有一个坐标值 X 或 Z 时,刀具将沿该坐标方向移动;有两个坐标值 X 和 Z 时,刀具将按所给的终点直线插补运动。

3)外径、内径车削循环指令 G90

格式:G90 X(U)__ Z(W)__ F __;

格式:G90 X(U)__ Z(W)__ R __ F __;

说明:

(1)X、Z 为终点坐标,U、W 为终点相对于起点坐标值的增量,终点为两个 F 的交点。

(2)R 表示圆锥体大小端的差值,如果切削起点的 X 向坐标小于终点的 X 向坐标,R 值为负,反之为正。

(3)G90 为模态码。

(4)如图 2-14 所示为圆柱面车削循环,图中 R 表示快速进给,F 为按指定速度进给。单程序段加工时,可进行 1、2、3、4 的一次循环轨迹操作。图 2-15 所示为圆锥面车削循环。G90 指令可用来车削外径,也可用来车削内径。

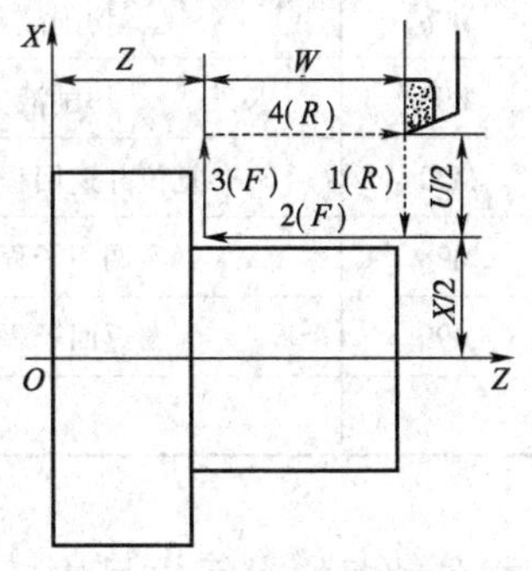

图 2-14　圆柱面车削循环

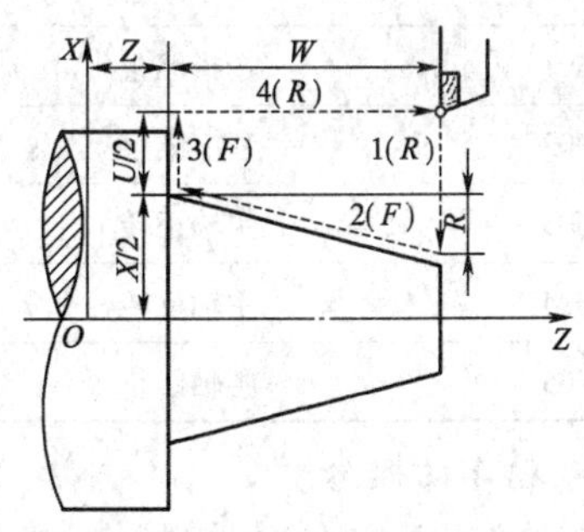

图 2-15　圆锥面车削循环

4)端面车削循环指令 G94

端面车削循环包括直端面车削循环(图 2-16)和圆锥端面车削循环(图 2-17)。

格式: G94 X(U)__ Z(W)__ F __;

　　　G94 X(U)__ Z(W)__ R __ F __;

各地址代码的用法同 G90 指令。

2. 辅助指令S、M、T指令功能及运用

1)主轴转速功能S

主轴转速功能字由地址符S和后续数字组成,又称为S功能或S指令,后续数字用于指定主轴转速,单位为r/min。对于具有恒线速度功能的数控车床,程序中的S指令用来指定车削加工的线速度,单位为m/min。

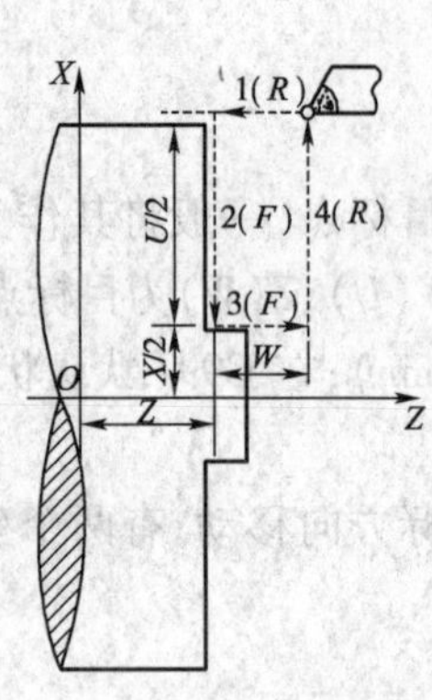

图2-16 直端面车削循环

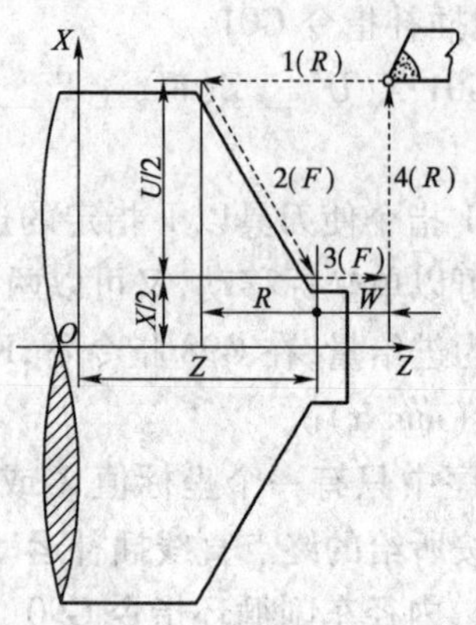

图2-17 圆锥端面车削循环

2)刀具功能T

刀具功能字由地址符T和后续数字组成,又称为T功能或T指令,后续数字用于指定加工时所用刀具的编号。对于数控车床,其后的数字还兼作指定刀具长度补偿和刀尖半径补偿用,如T0101前两位数字代表1号刀,后两位数字代表1号刀补。

3)辅助功能字

辅助功能字由地址符M和后续数字组成,后续数字一般为1~2位正整数,又称为M功能或M指令,用于指定数控车床辅助装置的开关动作,常用M代码的用法如表2-3所示。

M功能代码的功能 表2-3

序号	代 码	功 能	序号	代 码	功 能
1	M00	程序停止	7	M08	切削液开
2	M01	选择停止	8	M09	切削液关
3	M02	程序结束	9	M30	复位并返回程序开始
4	M03	主轴正转	10	M98	调用子程序
5	M04	主轴反转	11	M99	返回子程序
6	M05	主轴停止			

3. 粗车、精车的概念

(1)粗车:转速不宜太快,切削大,进给速度快,以求在最短的时间内尽快把工件余量车掉。粗车对切削表面没有严格要求,只需留一定的精车余量即可,加工中要求装夹牢靠。

(2)精车:精车指车削的末道工序,加工能使工件获得准确的尺寸和规定的表面粗糙度。此时,刀具应较锋利,切削速度较快,进给速度应大一些。

二、加工实例

加工如图2-18所示的零件,毛坯为ϕ40mm×90mm的棒料,工件材料为45号钢。

1. 工艺分析

1)零件几何特点

零件加工面主要为端面及 $\phi30_{-0.05}^{\ 0}$mm、$\phi33_{-0.05}^{\ 0}$mm、$\phi36_{-0.05}^{\ 0}$mm 的外圆;各外圆长度尺寸如图 2-18 所示,表面粗糙度为 6.3μm。

2)加工工序

根据零件结构选用 CK6140 机床即可达到要求。

以外圆为定位基准,用卡盘夹紧。其工艺过程如下:

(1)平端面,用 G94 进行;

(2)外圆粗车循环切削,用 G90 进行,留 0.5mm 的精车余量;

(3)外圆精车,用 G90 进行,达到尺寸要求;

(4)切断,切断刀宽 4mm,用 G01 切。

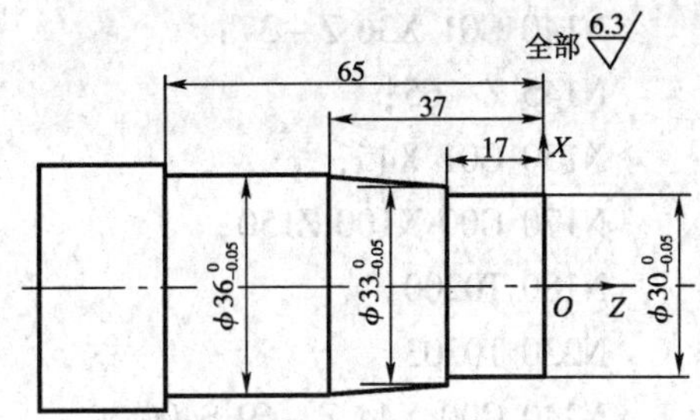

图 2-18 外圆、端面、台面加工编程实例(尺寸单位:mm)

3)刀具及切削参数

各工序刀具及切削参数选择如表 2-4 所示。

刀具及切削参数 表 2-4

序号	加工面	刀具号	刀具规格		主轴转速	进给速度
			类型	材料	n(r·min^{-1})	V(mm·min^{-1})
1	端面车削	T01	90°外圆车刀具	硬质合金	500	50
2	外圆粗加工	T01	90°外圆车刀具		500	100
3	外圆精车	T02	90°外圆车刀具		1000	50
4	切断	T03	切断刀		400	30

说明:01 号刀为基准刀,采用试切法对刀。

4)测量量具

精度要求较高的外圆可以用千分尺测量。

2. 参考程序

1)确定工件坐标系和对刀点

如图 2-18 所示,在 *XOZ* 平面内确定以工件右端面轴心线上点为工件原点,建立工件坐标系,采用手动试切对刀方法对刀,T01 刀具为对刀基准刀具。

2)程序清单

```
O2001
N10 G00 X100 Z150;              //换刀参考点
N20 T0100;                      //换 1 号刀
N30 M03 S500;                   //启动主轴
N40 G00 X50 Z4;                 //刀具加工定位
N50 G94 X0 Z0 F50;              //端面循环车削
N70 G90 X36.5 Z-64.75 F100;     //外圆循环车削
N80 X33.5 Z-16.75;              //外圆循环车削
N90 X30.5;                      //外圆 X 方向进给循环车削
N100 G00 X100 Z150;             //回换刀参考点
```

```
N105 T0202;                        //换2号刀
N110 G00 X30 Z2 S1000;             //刀具加工定位
N120 G01 Z-17 F50;                 //切外圆
N130 X33;                          //切端面
N140 G01 X36 Z-37;                 //切锥面
N145 Z-65;                         //切外圆
N150 G01 X45;                      //X方向退刀
N170 G00 X100 Z150;                //回换刀参考点
N180 T0200;                        //撤销2号刀
N230 T0303;                        //换3号刀
N240 G00 X44 Z-69 S400;            //刀具定位
N250 G01 X1 F30;                   //切断
N260 X44 F200;                     //退刀
N270 G00 X100 Z150;                //回换刀参考点
N280 T0300;                        //取消刀补
N290 M05;                          //主轴停止
N300 M30;                          //程序结束
%
```

课题 2.2.2　沟槽的加工与切断

一、工艺知识

1. 槽的种类

在工件上车多种形状的槽叫车沟槽。零件的外沟槽主要有两种:外圆沟槽和平面沟槽(见图2-19)。本课题主要介绍外圆沟槽的车削。

常用的矩形外圆沟槽的作用有:

(1)使装配在轴上的零件有正确的轴向定位;

(2)螺纹加工时作为退刀槽使用。

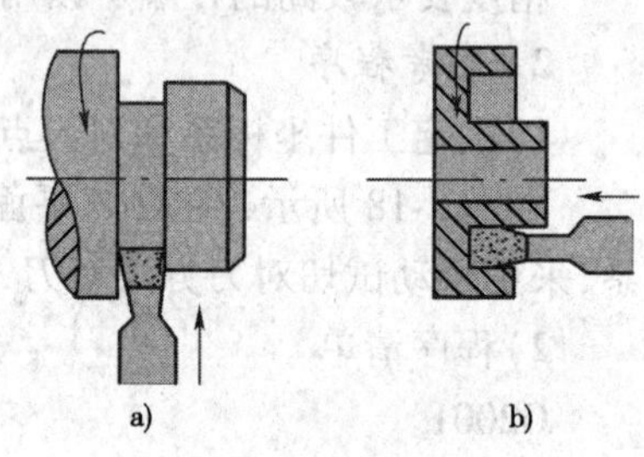

图2-19　槽的种类切削
a)车外槽;b)车端面槽

2. 切槽刀与切断刀

切槽刀(如图2-19所示)前端为主切削刃,两侧为副切削刃。切断刀的刀头形状与切槽刀相似,但其主切削刃较窄,刀头较长,切槽与切断都是以横向进刀为主。

1)切断刀的长度和宽度确定

(1)切断刀的刀头宽度经验计算公式为:

$$\alpha = (0.5 \sim 0.6)\sqrt{D}$$

式中:α——主切削刃宽度,mm;

D——被切断工件的直径,mm。

(2)刀头部分长度 L 的确定:

切断实心材料:$L = D/2 + (2 \sim 3)$。

切断空心材料:$L = h + (2 \sim 3)$,其中 h 为被切工件的壁厚。

2)切槽刀的长度和刀头宽度确定

(1)切槽刀的刀头宽度一般根据工件的槽宽、机床的功率和刀具的强度综合考虑确定。

(2)切槽刀的长度 L 为:

$$L = 槽深 + (2 \sim 3)$$

3. 加工方法

切断加工法主要有四种,如图 2-20 所示。其一般操作步骤如下:

(1)车外径槽时,刀具安装应垂直于工件中心线,以保证车削质量。

(2)车削精度不高的和宽度较窄 <5mm 的槽时,可用刀宽等于槽宽的车槽刀一次直进法车出。

(3)有精度要求的槽,一般采用两次直进法车出,第一次车槽时,槽壁两侧留精车余量,然后根据槽深和槽宽进行精车,并使刀具在槽底部暂停几秒钟,以提高槽底的表面质量。

(4)车削较宽的槽(>5mm)时,可用多次直进法切割,并在槽壁两侧留精车余量,然后根据槽深和槽宽进行精车。

(5)切槽刀或切断刀退刀时要注意合理安排退刀路线,尤其注意 G00 的走刀轨迹,否则很容易与工件外台阶碰撞,造成车刀的损坏,严重时影响机床精度。

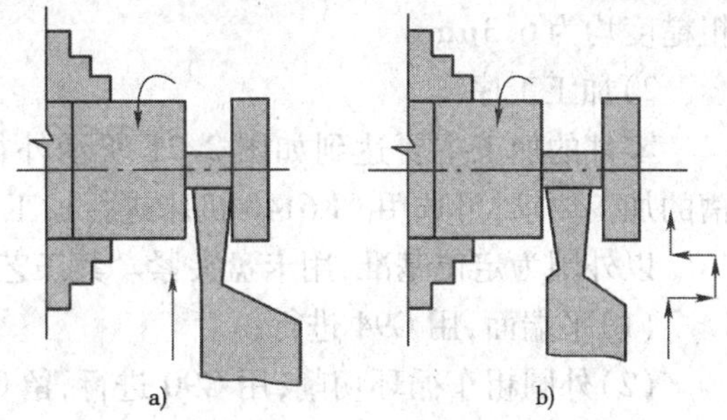

图 2-20 切断加工法

a)直进法;b)左右借刀法

(6)切断处应靠近卡盘,以免引起零件振动。

(7)切断加工切削速度应低些,尤其快切断时,应放慢进给速度,以防刀头折断。

二、编程知识

1. 刀具刀位点的确定

切槽刀或切断刀有左右两个刀尖及切削刃中心处的三个刀位点,在编程时要根据图样尺寸的标注和对刀的难易程度综合考虑。一定要避免编程操作和对刀时选用刀位点不一致现象。

2. 常用指令

1)直线插补指令 G01 格式:

G01 X __ Z __ F __;

该指令用于编写切槽程序。

2)暂停指令 G04

格式:G04 X __;或 G04 U __;或 G04 P __;

说明:

(1)G04 指令按给定时间延时,不做任何动作,延时结束后再自动执行下一段程序。该指令主要用于车削环槽、不通孔、车台阶轴清根及自动加工螺纹等可使刀具在短时间无进给方式下进行光整加工。

(2)X、U 表示 s(秒),P 表示 ms(毫秒)。程序延时时间范围为 16ms ~9999.999s。

(3)外径切槽循环指令 G75

格式:G75 R __;

G75 X __ P __ F __;其中,R __ 退刀量,X __ 槽底坐标,P __ 每次循环切削量。作用是在外圆面上切削沟槽或切断加工。

三、加工实例

加工如图 2-21 所示的零件,毛坯为 ϕ40mm×85mm 的棒料,工件材料为 45 号钢。

1. 工艺分析

1)零件几何特点

零件加工面主要为端面及外圆以及其上的槽。表面粗糙度均为 6.3μm。

2)加工工序

零件的加工主要达到如图 2-21 所示外径槽和端面槽的加工要求,可选用 CK6140 机床进行加工。

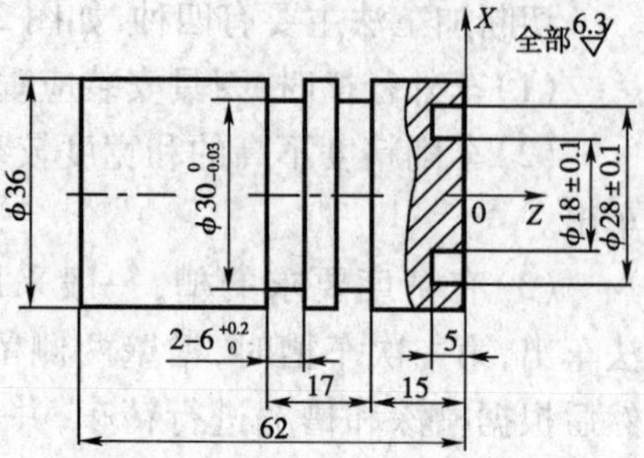

图 2-21 沟槽的加工与切断实例
(尺寸单位:mm)

以外圆为定位基准,用卡盘夹紧。其工艺过程如下:

(1)平端面,用 G94 进行;

(2)外圆粗车循环切削,用 G90 进行,留 0.5mm 的精车余量;

(3)外圆精车,用 G90 进行,达到尺寸要求;

(4)切外圆槽,刀宽为 4mm,用 G01 进行;

(5)切端面槽,用端面切槽刀车,刀宽为 5mm;

(6)切断,切断刀宽 4mm,用 G01 切。

3)刀具及切削参数

各工序刀具及切削参数选择如表 2-5 所示。

刀具及切削参数选择　　表 2-5

序号	加工面	刀具号	刀具规格		主轴转速	进给速度
			类　型	材　料	n(r·min^{-1})	V(mm·min^{-1})
1	端面车削	T01	90°外圆车刀	硬质合金	500	50
2	外圆粗加工	T01	90°外圆车刀		500	100
3	外圆精车	T02	90°外圆车刀		1000	50
4	车削外圆槽	T03	宽度为 4mm 的切槽刀		400	30
5	车削端面槽	T04	宽度为 5mm 的切槽刀		400	30
6	切断	T03	宽度为 4mm 切断刀		400	30

说明:01 号刀为基准刀,采用试切法对刀。

4)测量量具

精度要求较低的槽可用钢直尺测量;精度要求较高的槽可以用千分尺、样板和游标卡尺测量。

2. 参考程序

1)确定工件坐标系和对刀点

如图 2-21 所示,在 XOZ 平面内确定以工件右端面轴心线上点为工件原点,建立工件坐标系,采用手动试切对刀方法对刀,T01 刀具为对刀基准刀具。

2)程序清单

%

```
O2002
N10 G00 X100 Z150;                 //刀具换刀点
N20 M03 S500;                      //启动主轴
N25 T0100;                         //换1号刀
N30 G00 X44 Z4;                    //刀具加工定位
N40 G94 X0 Z0 F50;                 //端面车削循环
N50 G00 X44 Z2;                    //刀具加工定位
N60 G90 X36.5 Z-66 F100;           //外圆车削循环
N70 G00 X100 Z150 S1000;           //回刀具换刀点
N80 T0202;                         //换1号刀
N90 G00 X44 Z2;                    //刀具加工定位
N180 G90 X36 Z-66 F50;             //外圆第二次车削循环
N190 G00 X100 Z150 S400;           //回换刀参考点
N200 T0200;                        //撤销2号刀
N210 T0303;                        //换3号刀
N220 G00 X40 Z-32;                 //刀具加工定位
N230 G01 X30 F30;                  //切槽
N235 G04 X2;                       //暂停
N240 X40 F150;                     //退刀
N250 Z-30;                         //刀具定位(切槽轴向进给)
N260 X30 F30;                      //切槽
N265 G04 X2;                       //暂停
N270 X40 F150;                     //退刀
N280 G00 Z-21;                     //刀具加工定位
N290 G01 X30 F30;                  //切槽
N295 G04 X2;                       //暂停
N300 X40 F150;                     //退刀
N310 Z-19;                         //刀具定位(切槽轴向进给)
N320 X30 F30;                      //切槽
N325 G04 X2;                       //暂停
N330 X40 F150;                     //退刀
N340 G00 X100 Z150;                //回换刀点
N350 T0300;                        //取消3号刀补
N360 T0404;                        //换4号刀
N370 G00 X18 Z2;                   //刀具加工定位
N380 G01 Z-5 F30;                  //切端面槽
N390 Z2 F150;                      //退刀
N400 G00 X100 Z150;                //回刀具换刀点
N410 T0400;                        //取消4号刀补4
N420 T0303;                        //换3号刀
```

```
N430 G00 X40 Z-66;          //刀具加工定位
N440 G01 X1 F30;            //切断工件
N450 X40 F150;              //X 向退刀
N460 G00 X100 Z150;         //快回换刀点
N470 T0300;                 //取消 2 号刀补
N480 M05;                   //主轴停止
N490 M30;                   //程序结束
%
```

课题 2.2.3　圆弧与球面的加工

一、工艺知识

1. 刀具选择

选择圆弧加工的刀具时，一定要注意零件圆弧的大小，合理选择副偏角，避免车削时刀具与工件表面产生干涉现象。图 2-22 中零件加工时，由于副偏角选择不当，致使刀具与已加工圆弧面发生了干涉。

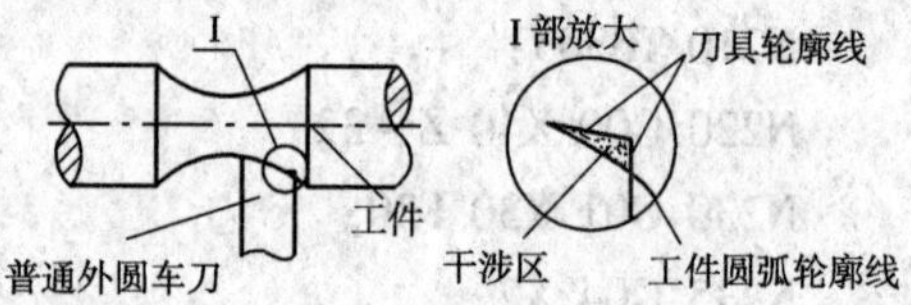

图 2-22　刀具与圆弧面干涉

2. 球头余量的去除方法

1）车锥法

在车圆时，不可能用一刀就把圆切好，因为这样吃刀量太大，容易打刀。可以先车一个圆锥，再车圆弧。但要注意，车锥时起点和终点的确定，若定不好，要么损伤车球的表面，要么留的余量大。

2）车圆法

车圆法就是用不同半径的圆来车削，最终把所需圆弧车削出来，在第一次走刀时，圆的半径不要太大，否则就切不到，但也不要太小，否则吃刀量太大。

3）移圆法

移圆法与车圆法不同，它的半径不变，而是通过移动圆心的位置，而最终把所需圆弧车出。

二、编程知识

1. 常用指令

1）圆弧插补指令 G02、G03

格式：G02（G03）X（*U*）__ Z（*W*）__ R __ F __；

　或 G02（G03）X（*U*）__ Z（*W*）__ I __ K __ F __；

说明：

（1）该指令控制刀具按所需圆弧运动。G02 为顺时针圆弧插补指令，G03 为逆时针圆弧插补指令。

（2）X、Z 表示圆弧终点绝对坐标；*U*、*W* 表示圆弧终点相对于圆弧起点的增量坐标。

（3）R 表示圆弧半径，圆弧的圆心角不大于 180°时，R 为正，大于 180°时，R 为负。

（4）I、K 表示圆心相对圆弧起点的增量坐标。

（5）圆弧顺逆的判定：

圆弧插补指令分为顺时针圆弧插补指令 G02 和逆时针圆弧插补指令 G03。圆弧插补的顺逆可按图 2-23 给出的方向判断：沿圆弧所在平面（如 *XOZ* 平面）的垂直坐标轴的负方向（$-Y$）看去，顺时针方向为 G02，逆时针方向为 G03。

数控车床是两坐标的机床，只有 *X* 轴和 *Z* 轴，按右手定则的方法将 *Y* 轴也加上去来考虑。观察者让 *Y* 轴的正向指向自己（即沿 *Y* 轴的负方向看去），站在这样的位置上就可正确判断 *XOZ* 平面上圆弧的顺逆时针了。即轴上凸圆弧为 G03，凹圆弧为 G02。

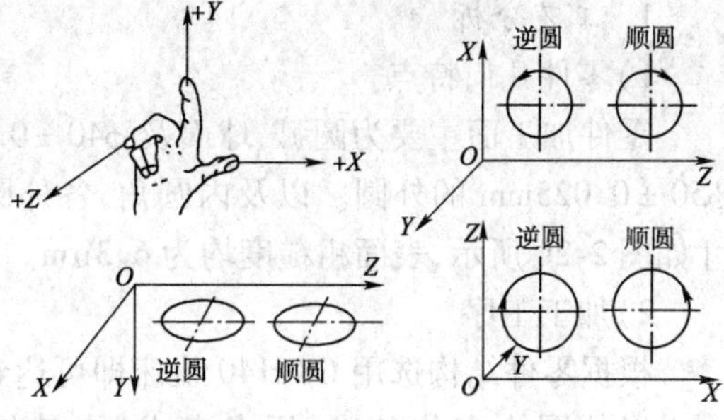

图 2-23　圆弧顺逆的判断

2）外径、内径粗加工循环指令 G71

格式：G71 U(Δ*d*) R(*e*)；

G71 P(*ns*) Q(*nf*) U(Δ*u*) W(Δ*w*) F __ S __ T __；

说明：

（1）Δ*d*：每次进刀的背吃刀量（半径值），无符号；*e*：退刀量，该参数为模态值；*ns*：精车程序第一个程序段的顺序号；*nf*：精车程序最后一个程序段的顺序号；Δ*u*：*X* 轴方向预留精车余量（直径值）；Δ*w*：*Z* 轴方向预留精车余量。

（2）F、S、T 分别设定进给速度、主轴转速和刀具功能。粗车循环过程中，从 N(*ns*) 到 N(*nf*) 之间的程序段中的 F、S、T 功能均被忽略，只有 G71 指令中指定的 F、S 功能有效。

（3）G71 指令适用于棒料毛坯粗车外径和圆筒毛坯料粗车内径。刀具循环路径如图 2-24 所示。

3）精加工循环指令 G70

格式：G70 P(*ns*) Q(*nf*)；

说明：

（1）G70 为执行 G71 粗加工循环指令以后的精加工循环指令。在 G70 指令程序段内要给出精加工第一个程序段的序号和精加工最后一个程序段的序号。

（2）包含在粗车循环 G71 程序段中的 F、S、T 有效，包含在 *ns* 到 *nf* 中的 F、S、T 对于粗车无效，而对精车有效。

2. 尺寸计算

加工圆弧时，对于圆弧的起点、终点及圆心坐标均要利用相应的数学知识进行数值计算。例如图 2-25 中零件的圆弧起点坐标为（20，－30）、终点坐标为（40，－40）、圆心坐标为（40，－30）。

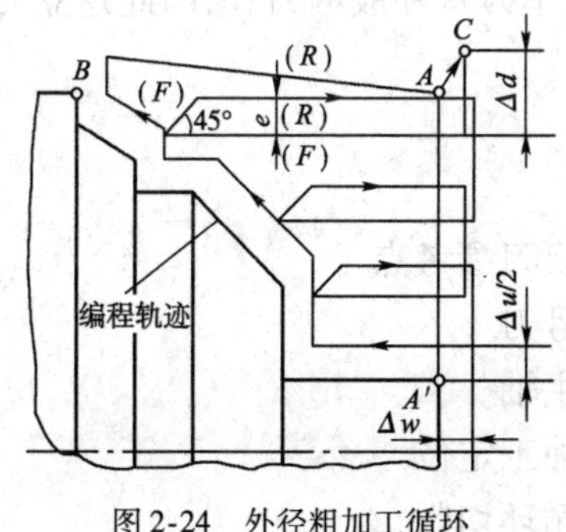

图 2-24　外径粗加工循环

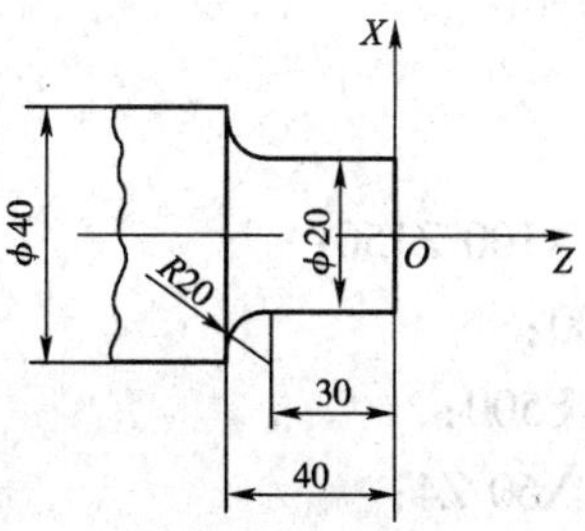

图 2-25　圆弧尺寸计算（尺寸单位：mm）

三、加工实例

加工如图 2-21 所示零件，毛坯为 ϕ55mm × 95mm 的棒料，工件材料为 45 号钢。

1. 工艺分析

1）零件几何特点

零件加工面主要为圆弧、球面及 ϕ40 ± 0.025mm，ϕ50 ± 0.025mm 的外圆。以及内圆角、各外圆长度尺寸如图 2-26 所示，表面粗糙度均为 6.3μm。

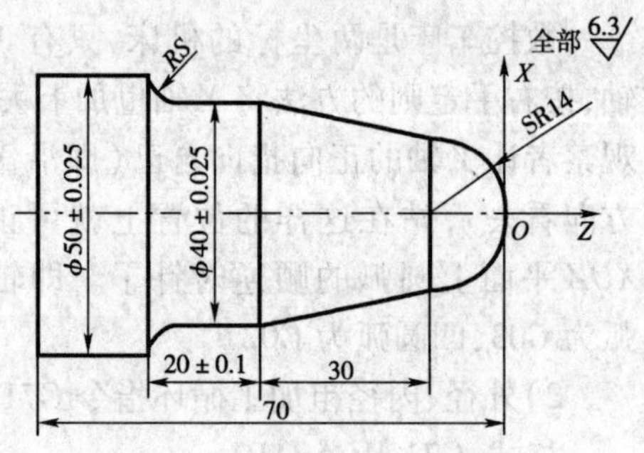

图 2-26　圆弧与球面加工实例

（尺寸单位：mm）

2）加工工序

根据零件结构选用 CK6140 机床即可达到要求。

以外圆为定位基准，用卡盘夹紧，其加工工序如下：

（1）平端面，用 G94 进行；

（2）外圆粗车循环切削，用 G71 进行，留 0.5mm 的精车余量；

（3）外圆精车循环切削，用 G70 进行，达到尺寸要求；

（4）切断，切断刀宽 4mm，用 G01 切。

3）刀具及切削参数

各工序刀具及切削参数选择见表 2-6。

刀具及切削参数　　表 2-6

序号	加工面	刀具号	刀具规格		主轴转速	进给速度
			类　型	材　料	n(r · min^{-1})	V(mm · min^{-1})
1	端面车削	T01	90°外圆车刀	硬质合金	500	50
2	外圆粗加工	T01	90°外圆车刀		500	100
3	外圆精车	T02	90°外圆车刀		1000	50
4	切断	T03	切断刀		400	30

说明：01 号刀为基准刀，采用试切法对刀。

4）测量量具

采用靠模板、游标卡尺等，精度要求较高的外圆可以用千分尺测量。

2. 参考程序

1）确定工件坐标系和对刀点

如图 2-26 所示，在 *XOZ* 平面内确定以工件右端面轴心线上点为工件原点，建立工件坐标系。采用手动试切对刀方法对刀。共使用 2 把刀具：粗车刀具和成形刀具，因此建立刀补。

2）程序清单

```
%
O2003
N10 G00 X100 Z150;            //刀具换刀参考点
N20 T0100;                    //换 1 号刀
N30 M03 S500;                 //启动主轴
N40 G00 X60 Z4;               //刀具加工定位
N50 G94 X0 Z0 F50;            //端面循环切削
```

```
N60 G00 X60 Z2;                           //刀具加工定位
N70 G71 U2 R1;                            //外圆粗车循环
N80 G71 P90 Q152 U0.5 W0.25 F100;
N90 G01 X0 F50 S1000;     ┐
N100 Z0;                  │
N110 G03 X28 Z-14 R14;    │
N120 G01 X40 Z-44;        │
N130 Z-59;                ├               //循环起始段
N140 G02 X50 W-5 R5;      │
N150 Z-74;                │
N152 X60;                 ┘
N154 G00 X100 Z150;                       //回刀具换刀参考点
N156 T0202;                               //换2号刀
N158 G00 X60 Z2;                          //刀具加工定位
N160 G70 P90 Q152;                        //外圆精车循环
N170 G00 X100 Z150 S400;                  //回刀具换刀参考点
N180 T0200;                               //Z方向快回
N190 T0303;                               //换3号刀
N200 G00 X58;                             //X方向定位
N210 Z-74;                                //Z方向定位
N220 G01 X1 F30;                          //切断工件
N230 X60 F200;                            //退刀
N240 G00 X100 Z150;                       //快回换刀参考点
N245 T0300;                               //取消刀补
N250 M05;                                 //主轴停止
N260 M30;                                 //程序结束
%
```

课题 2.2.4 外圆锥的加工及刀尖圆弧半径补偿

一、工艺知识

1. 圆锥的各部分名称、代号及计算公式

图 2-27 所示为圆锥，D 为大端直径，d 为小端直径，L 为圆锥的轴向长度，α 为圆锥角（$\alpha/2$ 为圆锥半角，也称斜角），C 为锥度，它们之间计算如下式：

$$C=(D-d)/L=2\tan(\alpha/2)$$

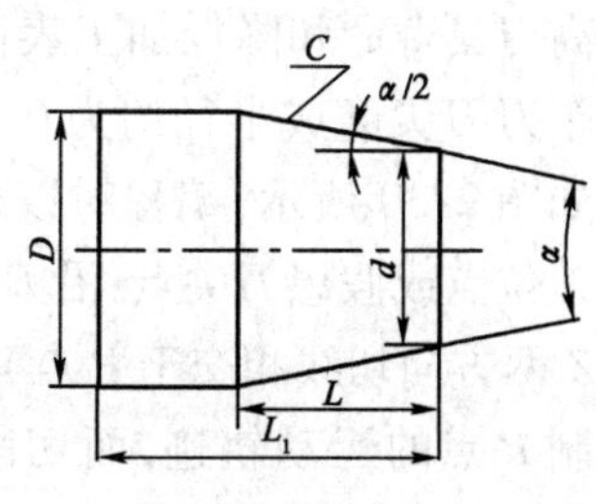

图 2-27 圆锥工件

2. 刀具选择

用数控车床加工外圆锥时，使用的刀具与车削外圆和端面的刀具相同，一般也采用尖形刀具。但在车削倒锥时，要注意刀具副切削刃不能与锥面相碰。

3. 加工路线确定

在车床上车外圆锥时可以分为车正锥和车倒锥两种情况，而每一种情况又有两种加工路线。图 2-28 所示为车正锥的两种加工路线，当按图 2-28a)的加工路线车正锥时，需要计算终刀距 S。假设圆锥大径为 D，小径为 d，锥长为 L，背吃刀量为 a_p，则由相似三角形可得：$(D-d)/2L=a_p/S$，则 $S=2La_p/(D-d)$。

按图 2-28b)的走刀路线车正锥时，则不需要计算终刀距 S，只要确定了背吃刀量 a_p 即可车出圆锥轮廓。但在每次切削中，背吃刀量是变化的。

图 2-29 为车倒锥的两种加工路线，车锥原理与正锥相同。

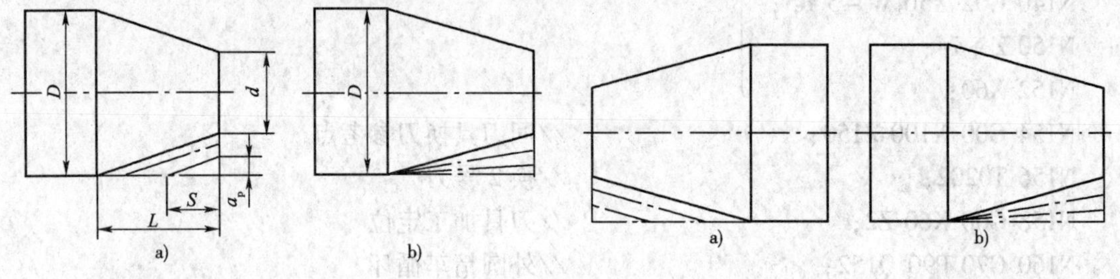

图 2-28　车正锥加工路线　　图 2-29　车倒锥加工路线

二、编程知识

1. 指令格式、含义及使用方法

1)直线插补指令 G01

格式：G01 X __ Z __ F __ ;

2)圆锥面车削循环指令 G90

格式：G90 X(U)__ Z(W)__ R __ F__;

2. 刀尖圆弧半径补偿

刀具补偿功能是数控机床的主要功能之一，数控车床中的刀具补偿包括刀具位置补偿和刀尖圆弧半径补偿，刀具位置补偿前面已叙述。

刀具功能又称为 T 功能，它是进行刀具选择和刀具补偿的功能。格式：T××××；××前两位数字为刀具号；××后两位数字为刀具补偿号，其中 00 表示取消某号刀的刀具补偿。如 T0101 表示 01 号刀调用 01 补偿号设定的补偿值，其补偿值存储在刀具补偿存储器内。又如 T0700 表示调用 07 号刀，并取消 07 号刀的补偿值。

1)刀尖圆弧半径补偿

编制数控车床加工程序时，通常将车刀刀尖看作是一个点。然而在实际应用中，为了提高刀具寿命和降低加工表面的粗糙度，一般将车刀刀尖磨成半径约为 0.4～1.6mm 的圆弧。如图 2-30 所示，编程时以理论刀尖点 P(又称刀位点或假想刀尖点：沿刀片圆角切削刃作 X、Z 两方向切线相交于 P 点)来编程，数控系统控制 P 点的运动轨迹，而切削时，实际起作用的切削刃是圆弧的各切点，这势必会产生加工表

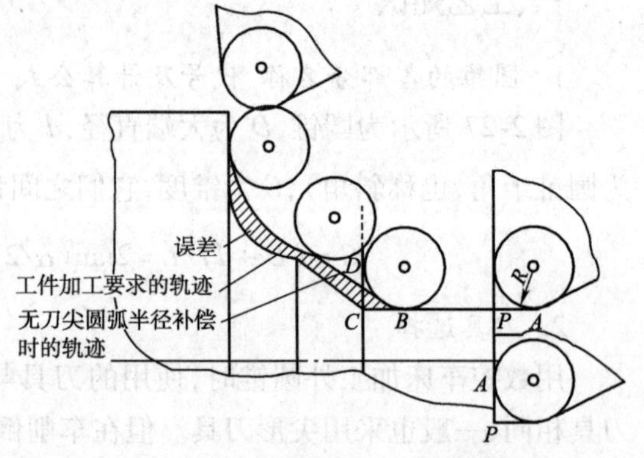

图 2-30　刀尖圆弧半径对加工精度的影响

面的形状误差。而刀尖圆弧半径补偿功能就是用来补偿此误差。

切削工件的右端面时，车刀圆弧的切点 A 与理论刀尖点 P 的 Z 坐标值相同；车外圆时车刀圆弧的切点 B 与点 P 的 X 坐标值相同。切削出的工件没有形状误差和尺寸误差，因此可以不考虑刀尖圆弧半径补偿。如果车削外圆柱面后继续车削圆锥面，则必存在加工误差 BCD（误差值为刀尖圆弧半径），这一加工误差必须靠刀尖圆弧半径补偿的方法来修正。

车削圆锥面和圆弧面部分时，仍然以理论刀尖点 P 来编程，刀具运动过程中与工件接触的各切点轨迹为图中所示无刀尖圆弧半径补偿时的轨迹。该轨迹与工件加工要求的轨迹之间存在着图中斜线部分的误差，直接影响到工件的加工精度，而且刀尖圆弧半径越大，加工误差越大。可见，对刀尖圆弧半径进行补偿是十分必要的。当采用刀尖圆弧半径补偿时，车削出的工件轮廓就是图中所示工件加工要求的轨迹。

2）实现刀尖圆弧半径补偿功能的准备工作

在加工工件之前，要把刀尖圆弧半径补偿的有关数据输入到存储器中，以便使数控系统对刀尖的圆弧半径所引起的误差进行自动补偿。

（1）刀尖半径。工件的形状与刀尖半径的大小有直接关系，必须将刀尖圆弧半径 R 输入到存储器中，如图 2-31 所示。

（2）车刀的形状和位置参数。车刀的形状有很多，它能决定刀尖圆弧所处的位置，因此也要把代表车刀形状和位置的参数输入到存储器中。将车刀的形状和位置参数称为刀尖方位 T。车刀的形状和位置如图 2-32 所示，分别用参数 0 ~ 9 表示，P 点为理论刀尖点。如图 2-32 左下角刀尖方位 T 应为 3。

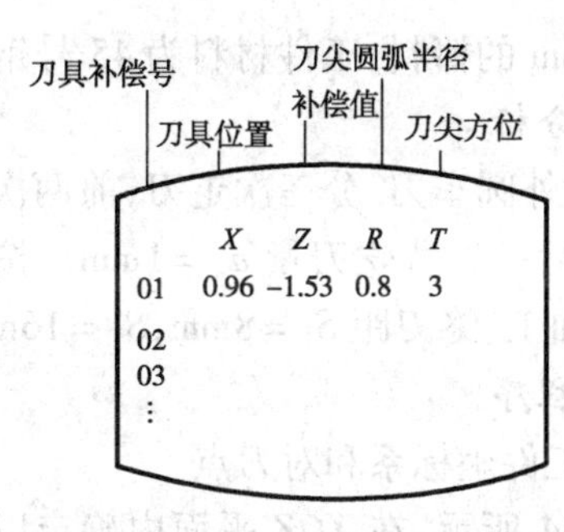

图 2-31　显示屏幕显示刀具补偿参数

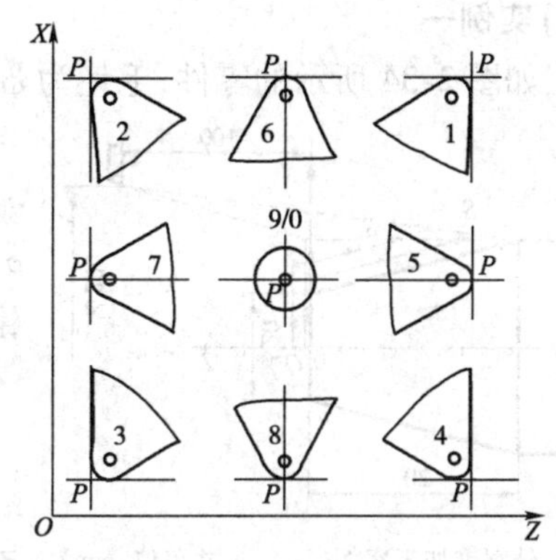

图 2-32　车刀形状和位置

（3）参数的输入。与每个刀具补偿号相对应有一组 X 和 Z 的刀具位置补偿值、刀尖圆弧半径 R 以及刀尖方位 T 值，输入刀尖圆弧半径补偿值时，就是要将参数 R 和 T 输入到存储器中。例如某程序中编入下面的程序段：

N100 G00 G42 X100.0 Z3.0 T0101；

若此时输入刀具补偿号为 01 的参数，屏幕上显示图 2-31 所示的内容。在自动加工工件的过程中，数控系统将按照 01 刀具补偿栏内的 X、Z、R、T 的数值，自动修正刀具的位置误差和自动进行刀尖圆弧半径的补偿。

3）刀尖圆弧半径补偿的方向

在进行刀尖圆弧半径补偿时，刀具和工件的相对位置不同，刀尖圆弧半径补偿的指令也不同。图 2-33 表示刀尖圆弧半径补偿的两种不同方向。

如果刀尖沿 *ABCDE* 运动,(图 2-33a),顺着刀尖运动方向看,刀具在工件的右侧,即为刀尖圆弧半径右补偿,用 G42 指令。如果刀尖沿 *FGHI* 运动(图 2-33b),顺着刀尖运动方向看,刀具在工件的左侧,即为刀尖圆弧半径左补偿,用 G41 指令。如果取消刀尖圆弧半径补偿,可用 G40 指令编程,则车刀按理论刀尖点轨迹运动。

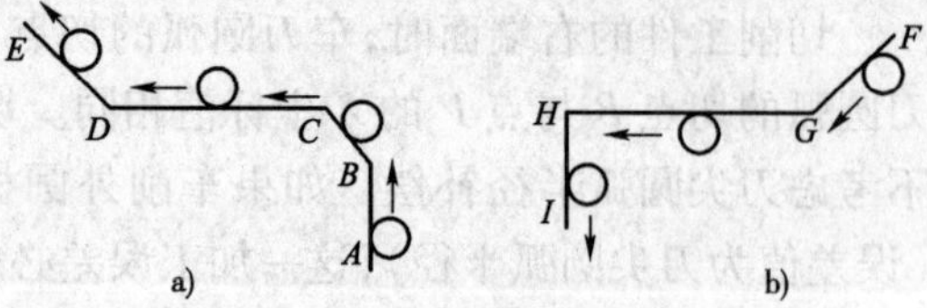

图 2-33 刀尖圆弧半径补偿方向

a)刀尖圆弧半径右补偿;b)刀尖圆弧半径左补偿

4)刀尖圆弧半径补偿的建立或取消指令

格式:G41/G42/G40 G00 /G01 X(U)__ Z(W)__ T__ F__;

说明:

(1)刀尖圆弧半径补偿的建立或取消必须在位移移动指令(G00、G01)中进行。G41、G42、G40 均为模态指令。

(2)刀尖圆弧半径补偿和刀具位置补偿一样,其实现过程分为三个步骤,即刀具补偿的建立、刀具补偿的执行和刀具补偿的取消。

(3)如果指令刀具在刀尖半径大于圆弧半径的圆弧内侧移动,程序将出错。

(4)由于系统内部只有两个程序段的缓冲存储器,因此在刀具补偿的执行过程中,不允许在程序里连续编制两个以上没有移动的指令,以及单独编写的 M、S、T 程序段等。

三、加工实例

(一)实例一

加工如图 2-34 所示的零件,毛坯为 ϕ30mm×40mm 的棒料,工件材料为 45 号钢。

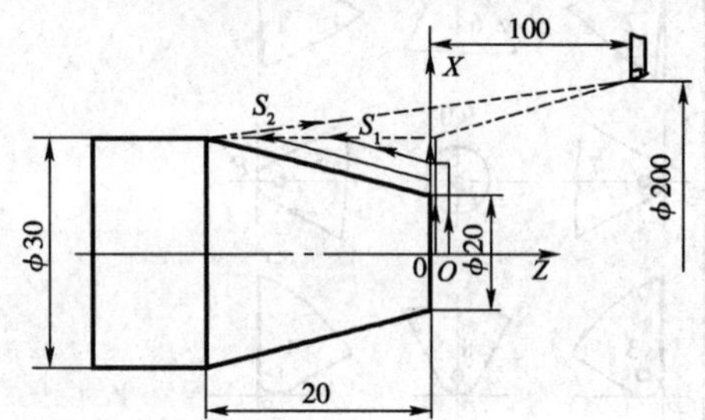

图 2-34 外圆锥加工实例(一)(尺寸单位:mm)

1. 工艺分析

采用 90°外圆车刀,分三次走刀,前两次背吃刀量 $a_p=2$mm,最后一刀背吃刀量 $a_p=1$mm。按第一种车锥路线进行加工,终刀距 $S_1=8$mm,$S_2=16$mm。

2. 参考程序

1)确定工件坐标系和对刀点

如图 2-34 所示,在 *XOZ* 平面内确定以工件右端面轴心线上点为工件原点,建立工件坐标系。采用手动试切对刀方法对刀。使用 1 把刀具:粗车刀具和成形刀具,因此建立刀补。

2)程序清单

```
%
O2004
N10 G00 X100 Z150;          //刀具换刀参考点
N20 T0300;                  //换 1 号刀
N30 M03 S500;               //启动主轴
N40 G41 G00 X35 Z0 T0303;   //刀具加工定位,左补偿
N50 G01 X-1 F50;            //端面切削
N60 G42 G00 X26 Z2;         //刀具加工定位,换右补偿
N70 G01 Z0 F100;            //刀具加工定位
```

```
N80 X30 Z-8;                      //锥面第一次粗加工
N90 G41 G00 Z0;                   //刀具加工定位,换左补偿
N100 G42 G01 X22 F100;            //刀具加工定位,换右补偿
N110 X30 Z-16;                    //锥面第二次粗加工
N120 G41 G00 Z0;                  //刀具加工定位,换左补偿
N130 G42 G01 X20 F100;            //刀具加工定位,换右补偿
N140. X30 Z-20;                   //锥面最终加工
N150 G41 G00 Z100;                //刀具定位,换左补偿
N160 G40 X200 T0300 M05;          //刀具定位,取补偿,主轴停
N170 M30;                         //程序结束
```

(二)实例二

加工如图 2-35 所示的零件,毛坯为 ϕ60mm×70mm 的棒料,工件材料为 45 号钢。

1. 工艺分析

采用 1 号 90°外圆车刀,用锥切削循环加工如图 2-35 所示的正锥。

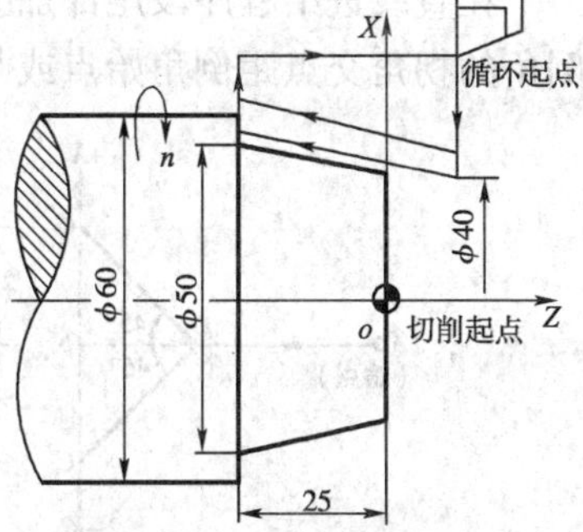

2. 参考程序

1)确定工件坐标系和对刀点

如图 2-35 所示,在 *XOZ* 平面内确定以工件右端面轴心线上点为工件原点,建立工件坐标系,采用手动试切对刀方法对刀,T01 刀具为对刀基准刀具。

图 2-35 外圆锥加工实例(二)(尺寸单位:mm)

2)程序清单

```
%
O2005
N10 G00 X100 Z150;                //刀具换刀参考点
N20 T0100;                        //换 1 号刀
N30 M03 S500;                     //启动主轴
N40 G00 X65 Z4;                   //刀具加工定位
N50 G94 X0 Z0 F50;                //端面循环切削
N60 G00 X65 Z2;                   //刀具加工定位
N70 G90 X60 Z-25 R-5 F100;        //锥面循环切削
N80 G00 X200;                     //快回换刀点
N90 Z200 M05;                     //快回换刀点,主轴停
N100 M30;                         //程序结束
```

3. 注意事项

(1)加工圆锥时刀具必须严格对准中心,否则易出现双曲线误差;

(2)加工圆锥时,锥度由各点坐标确定,故尺寸计算必须准确;

(3)可以采用恒线速度切削,以保证表面粗糙度;

(4)粗加工圆锥时,必须车出锥形(尤其是锥度较大大时),以保证精车时余量均匀;

(5)使用刀具补偿时,要根据系统的要求正确使用,否则出现报警;

(6)更换刀具后,刀具位置和半径补偿均可能变化,故要注意及时修改。

课题 2.2.5　倒角与倒圆

一、编程知识

1. 45°倒角

(1)由轴向切削向端面切削倒角,即由 Z 轴向 X 轴倒角,i 的正负是根据倒角是向 X 轴正向还是负向确定的,如图 2-36a)所示。

格式:G01 Z(W) ~ I ± i;

(2)由端面切削向轴向切削倒角,即由 X 轴向 Z 轴倒角,k 的正负是根据倒角是向 Z 轴正向还是负向确定的,如图 2-36b)所示。

格式: G01 X(U) ~ K ± k;

2. 任意角度倒角

在直线进给程序段尾部加上 C ~,可自动插入任意角度的倒角。C 的数值是从假设没有倒角的拐角交点距倒角始点或与终点之间的距离,如图 2-37 所示。

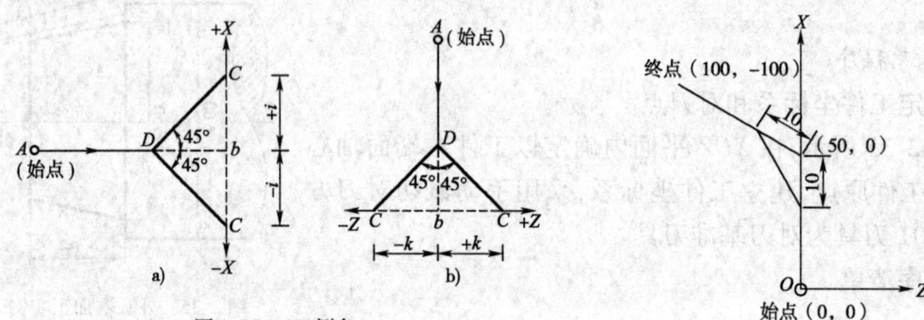

图 2-36　45°倒角

a)Z 轴向 X 轴倒角;b)X 轴向 Z 轴倒角

图 2-37　任意角度倒角

其程序为:G01 X50 C10 F100;

X100 Z - 100;

3. 倒圆角

格式:G01 Z(W) ~ R ± r 时,圆弧倒角情况如图 2-38a)所示。

G01 X(U) ~ R ± r 时,圆弧倒角情况如图 2-38b)所示。

4. 任意角度倒圆角

在直线进给程序段尾部加上 R ~,可自动插入任意角度的倒圆角。R 的数值是所倒圆角的半径,如图 2-39 所示。

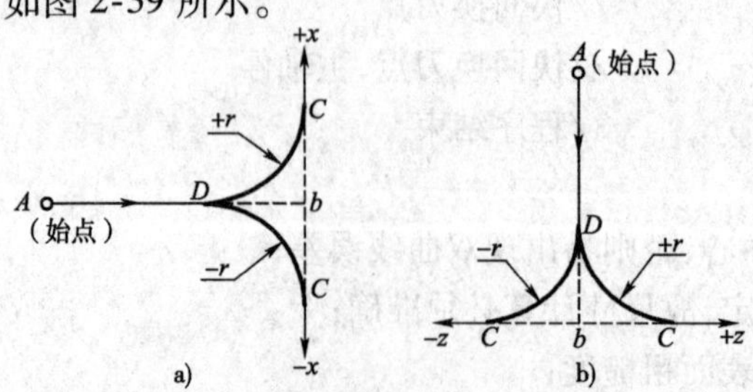

X
终点(100, -100)
(50, 0)
R10
O
Z
始点(0, 0)

图 2-38　倒圆角

a)Z 轴向 X 轴倒圆角;b)X 轴向 Z 轴倒圆角

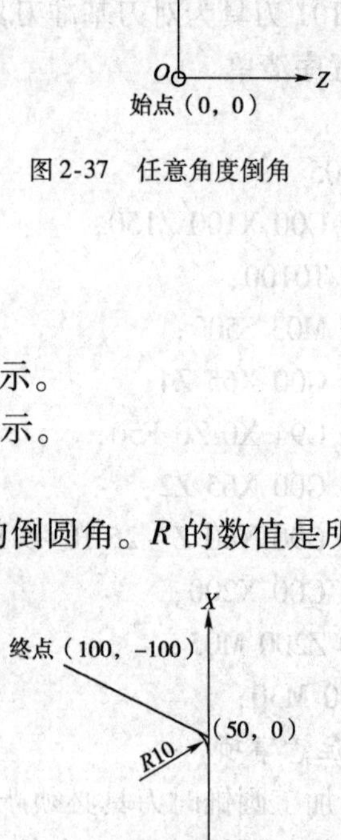

图 2-39　任意角度倒圆角

其程序为:G01 X50 R10 F100;

X100 Z－100；

二、加工实例

加工如图 2-40 所示的零件，毛坯为 ϕ100mm ×60mm 的棒料，工件材料为 45 号钢。

1. 工艺分析

采用 1 号 90°外圆车刀，用倒角与倒圆角指令加工如图 2-40 所示的正锥。

2. 参考程序

1）确定工件坐标系和对刀点

如图 2-40 所示，在 *XOZ* 平面内确定以工件右端面轴心线上点为工件原点，建立工件坐标系，采用手动试切对刀方法对刀，T01 刀具为对刀基准刀具。

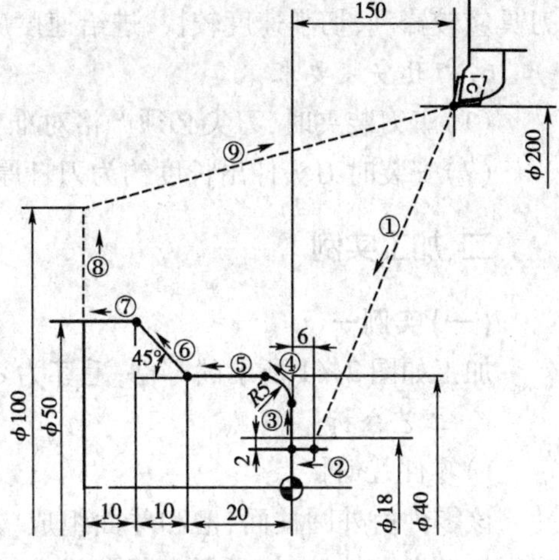

图 2-40　倒角与倒圆实例（尺寸单位：mm）

2）程序清单

```
%
O2006
N10 G00 X200 Z150;        //刀具换刀参考点
N20 T0100;                //换 1 号刀
N30 M03 S600;             //启动主轴
N40 G96 S150;             //恒线速度
N50 G00 X14 Z6;           //刀具加工定位
N60 G01 Z0 F100;          //刀具加工定位
N70 X40 R－5;             //倒圆角
N80 Z－30 K－10;          //45°倒角
N90 Z－40;                //加工外圆
N100 G00 X100;            //退刀
N110 X200 Z150;           //快回换刀点
N120 M05;                 //停主轴
N130 M30;                 //程序结束
```

课题 2.2.6　综 合 练 习

一、编程知识

1. 熟练掌握 G00 快速定位指令的格式、走刀线路及运用

2. 熟练掌握 G01 定位指令的格式、走刀线路及运用

3. 辅助指令 S、M、T 指令功能及运用

4. 其他各项指令的综合运用及走刀路线

5. 粗车、精车的概念

（1）粗车：转速不宜太快，切削大，进给速度快，以求在最短的时间内尽快把工件余量

车掉。粗车对切削表面没有严格要求,只需留一定的精车余量即可,加工中要求装夹牢靠。

(2)精车:精车指车削的末道加工能使工件获得准确的尺寸和规定的表面粗糙度。此时,刀具应较锋利,切削速度较快,进给速度应中一些。

6. 刀具安装要求

(1)车刀装夹时,刀尖必须严格对准工件旋转中心,过高或低都造成刀尖碎裂。

(2)安装时刀头伸出长度约为刀杆厚度的 1~1.5 倍。

二、加工实例

(一)实例一

加工如图 2-41 所示的零件,毛坯为 ϕ40mm×100mm 的棒料,工件材料为 45 号钢。

1. 工艺分析

1)零件几何特点

该零件由外圆柱面、槽和球面组成,其几何形状为圆柱形的轴类零件,零件只要求径向尺寸精度为 ±0.02,表面粗糙度为 3.2μm,需采用粗、精加工。

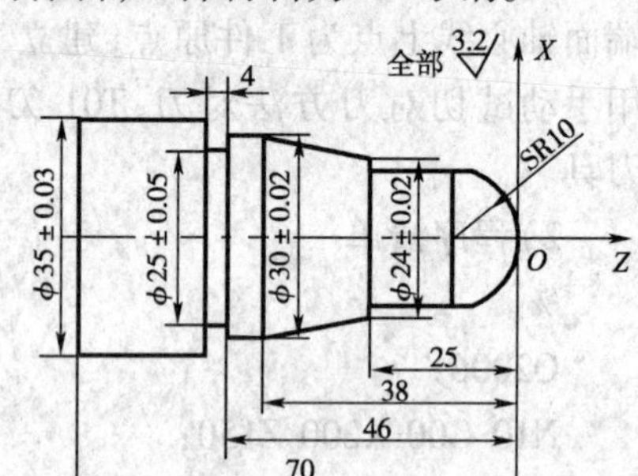

图 2-41 轴类零件综合加工实例(一)(尺寸单位:mm)

2)加工工序

根据零件图样要求其加工工序为:

(1)建立工件坐标系,并输入刀补值,坐标系如图 2-41所示;

(2)平端面,可采用 G94 指令;

(3)外圆柱面与球面粗车,可采用 G71 指令,直径方向留 0.5mm 精车余量;

(4)外圆柱面与球面精车,可采用 G70 指令;

(5)切槽加工,采用刀宽为 4mm 的切断刀,用 G01 指令;

(6)切断,采用刀宽为 4mm 的切断刀。

2. 刀具及切削参数

各工序刀具及切削参数选择见表 2-7。

刀具及切削参数 表 2-7

序号	加工面	刀具号	刀具规格		主轴转速	进给速度
			类型	材料	n(r·min^{-1})	V(mm·min^{-1})
1	端面	T01	90°外圆车刀	硬质合金	500	60
2	外圆柱面与球面粗车	T01	90°外圆车刀		500	100
3	外圆柱面与球面精车	T02	90°外圆车刀		1000	40
4	外径槽	T03	切断刀(刀宽 4mm)		400	40
5	切断	T03	切断刀(刀宽 4mm)		400	40

说明:01 号刀为基准刀,采用试切法对刀。

3. 参考程序

1)确定工件坐标系和对刀点

如图 2-41 所示,在 XOZ 平面内确定以工件右端面轴心线上点为工件原点,建立工件坐标系,采用手动试切对刀方法对刀,T01 刀具为对刀基准刀具。

2)程序清单

```
O0007
N10 G00 X120 Z200;                           //换刀点
N20 T0100;                                   //换 1 号刀
N30 M03 S500;                                //主轴顺转
N40 G00 X44 Z4;                              //刀具定位
N50 G94 X0 Z0 F60;                           //端面切削循环
N60 G00 X44 Z2;                              //刀具定位
N70 G71 U2 R1;                               //轮廓粗车循环
N80 G71 P90 Q175 U0.5 W0.25 F100;            //轮廓粗车循环
N90 G01 X0 F40 S1000;
N100 Z0;
N110 G03 X20 W -10 R10;                      //逆圆加工
N120 G01 Z -25;
N130 X24;
N140 X30 Z -38;
N150 Z -50;
N160 X35;
N170 Z -74;
N175 X40;
N180 G00 X100;                               //换刀点
N190 Z150;                                   //换刀点
N200 T0202;                                  //换 2 号刀
N210 G00 X44 Z2;                             //刀具定位
N220 G70 P90 Q175;                           //精车循环
N230 G00 X100;                               //换刀点
N240 Z150 S400;                              //换刀点
N250 T0200;                                  //取消 2 号刀补
N260 T0303;                                  //换 3 号刀
N270 G00 X40 Z -50;                          //刀具定位
N272 G01 X25 F40;
N274 G04 X2;                                 //暂停 2s
N276 G01 X44 F150;
N278 G00 Z -74;                              //刀具定位
N280 G75 R1;                                 //切槽循环
N290 G75 X2 P5000 F40;                       //切槽循环
N300 G00 X100;                               //换刀点
N310 Z150 T0300;                             //取消 3 号刀补
N320 M05;                                    //主轴停止
N330 M30;                                    //程序结束
```

(二)实例二

加工如图 2-42 所示的零件,毛坯为 ϕ32mm × 100mm 的棒料,工件材料为 45 号钢。

1. 确定工艺路线

首先根据图纸要求按先主后次的加工原则,确定工艺路线如下:

(1)粗加工外圆与端面;

(2)精加工外圆与端面;

(3)切断。

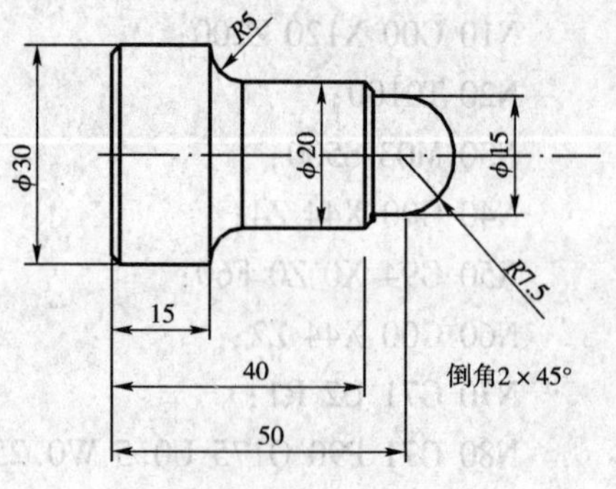

图 2-42 轴类零件综合加工实例(二)
(尺寸单位:mm)

2. 选择刀具,对刀,确定工件原点

根据加工要求需选用两把刀具,T01 号刀车外圆与端面,T02 号刀切断,切槽刀宽度 4mm。用碰刀法对刀以确定工件原点,此例中工件原点位于最左侧。

3. 确定切削用量

(1)加工外圆与端面,主轴转速 630r/min, 进给速度 150mm/min。

(2)切断,主轴转速 315r/min, 进给速度 150mm/min。

4. 程序清单

```
N10 G50 X50 Z150;                  //确定起刀点
N20 M03 S630;                      //主轴正转
N30 T11;                           //选用 1 号刀,1 号刀补
N40 G00 X35 Z57.5;                 //准备加工右端面
N50 G01 X-1 F150;                  //加工右端面
N60 G00 X32 Z60;                   //准备开始进行外圆循环
N70 G90 X28 Z20 F150;              //开始进行外圆循环
N80 X26;
N90 X24;
N100 X22;
N110 X21;                          //φ20mm 圆先车削至 φ21mm
N120 G01 X0 Z57.5 F150;            //结束外圆循环并定位至半圆 R7.5 的起点
N130 G02 X15 Z50 I0 K-7.5 F150;    //车削半圆 R7.5
N140 G01 X15 Z42 F150;             //车削 φ15mm 圆
N150 X16;                          //倒角起点
N160 X20 Z40;                      //倒角
N170 Z20;                          //车削 φ20mm 圆
N180 G03 X30 Z15 I10 K0 F150;      //车削圆弧 R5
N190 G01 X30 Z2 F150;              //车削 φ30mm 圆
N200 X26 Z0;                       //倒角
N210 G0 X50 Z150;                  //回起刀点
N220 T10;                          //取消 1 号刀补
N230 T22;                          //换 2 号刀
N235 M03 S315;
```

```
N240 G0 X33 Z-4;          //定位至切断点
N250 G01 X-1 F150;        //切断
N260 G0 X50 Z150;         //回起刀点
N270 T20;                 //取消2号刀补
N280 M05;                 //主轴停止
N290 M02;                 //程序结束
```

项目三 套类零件的程序编制

课题2.3.1 钻孔、扩孔及铰孔

一、工艺知识

1. 常用刀具

在数控车床上加工套类零件时所用的刀具有麻花钻、扩孔钻和铰刀，这些刀具的形状同普通车床上使用的刀具相似。一般情况下麻花钻用于粗加工，扩孔钻用于粗加工或半精加工，铰刀一般用于精加工。

2. 麻花钻选用

对于精度要求不高的内孔，可以选用钻头直接钻出，不再加工；对于精度要求高的内孔，则还需要车削、铰削等加工才能完成（在选用钻头时，应根据下一道工序的要求，留出加工余量）。

选择麻花钻时，一般应使钻头螺旋部分略长于孔深。钻头过长则刚性差，钻头过短则排屑困难。同时，在数控车床钻孔时，要注意钻头过长易在加工过程中发生与机床相碰撞的现象。

3. 铰刀选用

铰孔的精度与铰刀质量有密切相关，因此在选择铰刀时，其尺寸公差应符合图样的要求，刀刃要锋利，无崩刃、敲毛、碰伤等缺陷，以保证加工孔的表面粗糙度，在数控车床上铰孔时最好使用浮动式铰刀，铰刀的公差一般选用孔公差的1/3。

图2-43中的零件在铰孔时，应选择的铰刀直径ϕ22mm，上偏差为+0.014mm，下偏差为+0.007mm。

4. 切削用量选择

钻孔时的切削深度即为钻头半径。一般情况下：钻孔时进给量应选择小些，切削速度也不能过高，否则易烧坏钻头；扩孔时不能因为切削深度减小而增大进给量，否则易扎刀；铰孔时的切削深度由铰孔余量确定，铰孔时的进给量可以适当增大一些。

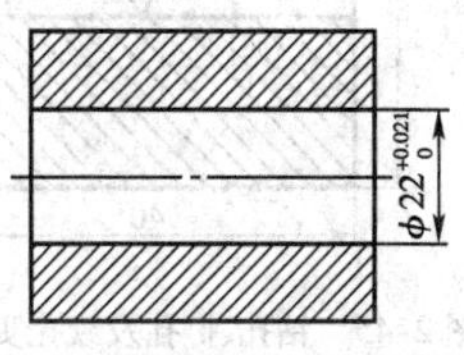

图2-43 零件的铰孔

（尺寸单位：mm）

铰孔前，要合理控制铰孔的余量，一般为0.08~0.15mm。余量留得太多会使切屑塞在铰刀刀齿中，影响加工精度；铰削余量过少，则不能去除粗加工痕迹。钻孔和扩孔加工时必须使用冷却液，铰削时应使用润滑油。

5. 加工工艺路线的确定

直径较小的孔加工路线一般为钻中心孔、钻孔（扩孔）、铰孔。这样粗车、半精车、精车之后，容易达到较高精度。而对于直径较大的孔，在精加工时采用车削的方法。

二、编程知识

1. 对刀点的确定

一般情况下，麻花钻、扩孔钻、铰刀的对刀点选择在刀尖的中心线位置上。

2. 常用编程指令

编写钻孔程序时，加工浅孔时，采用 G01 指令即可。但加工深孔时要考虑到钻削时排屑方便，故钻头钻入一定深度时必须要退出充分排屑，然后再次钻入。各种数控系统对于钻削加工有一定的固定循环指令，操作者要仔细阅读编程说明书。下面以 FANUC 0i-mate TB 系统钻削循环指令为例（如图 2-44）。

深孔钻循环指令的格式为：

G74 R(*e*)__；

G74 Z(*W*)__ Q(Δ*k*)__ F__；

其中：*e*——退刀量；

Z(*W*)——钻削深度；

Δ*k*——每次钻削长度（不加符号）。

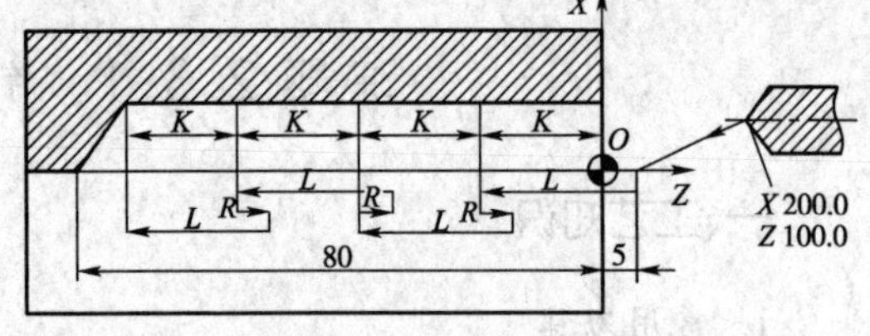

图 2-44　深孔钻削循环

（尺寸单位：mm）

三、加工实例

加工如图 2-45 所示的零件，毛坯为 ϕ45mm × 100mm 的棒料，工件材料为 45 号钢。

1. 工艺分析

1）零件几何特点

该零件为一套类零件，主要加工面为端面、倒角和内孔加工。内孔尺寸偏差为 0.021，表面粗糙度为 3.2μm。需采用粗、精加工。

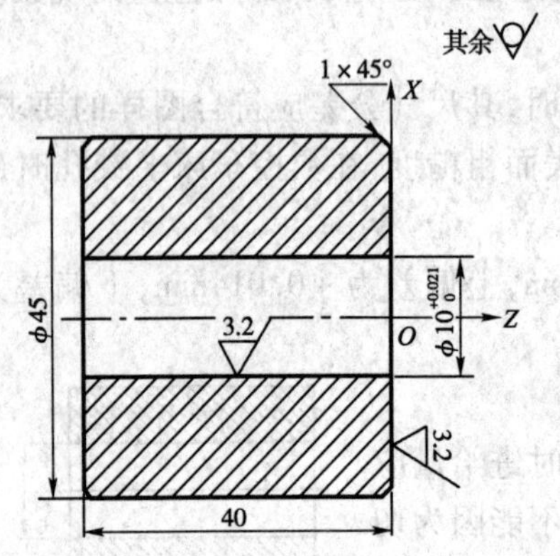

图 2-45　钻孔、扩孔及绞孔实例（尺寸单位：mm）

2）加工工序

根据零件图样要求其加工工序为：

（1）建立工件坐标系，并输入刀补值。坐标系如图 2-45所示；

（2）平端面、倒角，平端面可采用 G94 指令；

（3）钻中心孔，采用 G01 指令；

（4）钻孔加工，采用 G74 指令；

（5）扩孔加工，采用 G74 指令；

（6）铰孔加工，精加工至尺寸，采用 G01 指令。

3）刀具及切削参数

各工序刀具及切削参数选择见表 2-8。

4）测量量具

精度要求较高的内孔可以用内径千分尺测量。

2. 参考程序

1）确定工件坐标系和对刀点

如图 2-45 所示，在 *XOZ* 平面内确定以工件右端面轴心线上点为工件原点，建立工件坐标系，采用手动试切对刀方法对刀，T01 刀具为对刀基准刀具。

刀具及切削参数 表2-8

序号	加工面	刀具号	刀具规格		主轴转速	进给速度
			类型	材料	n(r·min^{-1})	V(mm·min^{-1})
1	平端面、倒角	T01	90°外圆车刀	硬质合金	600	50
2	钻中心孔	T02	ϕ3mm 中心钻	高速钢	1000	120
3	钻孔加工	T03	ϕ9.5mm 直柄麻花钻		500	80
4	扩孔加工	T04	ϕ9.8mm 扩孔钻		700	50
5	铰孔加工	T05	ϕ10mm 铰刀		100	120

说明:01 号刀为基准刀,采用试切法对刀。

2)程序清单

```
%
O3001
N10 G00 X100 Z200;                    //换刀点
N20 T0100;                            //换1号刀
N30 M03 S600;                         //主轴顺转
N40 G00 X50 Z4;                       //刀具定位
N50 G94 X0 Z0 F50;                    //端面切削循环
N60 G00 X37 Z2;                       //刀具定位
N70 G01 X49 Z-4 F50;                  //倒角
N80 G00 X100 Z200;                    //回换刀点
N90 T0202;                            //换2号刀
N100 G00 X0 Z3 S1000;                 //退刀
N110 G01 Z-7 F120;                    //打中心孔
N120 G04 X1;                          //孔底暂停
N130 G00 Z200;                        //退刀
N140 X100;                            //退刀
N150 T0303;                           //换3号刀
N160 G00 X0 Z3 S500;                  //刀具定位
N170 G74 R1;
N180 G74 Z-45 Q10 F80;                //钻孔循环
N190 G00 Z200;                        //退刀
N200 X100;                            //退刀
N210 T0404;                           //换4号刀
N220 G00 X0 Z3 S700;                  //刀具定位
N230 G74 R1;
N240 G74 Z-45 Q10 F50;                //扩孔循环
N250 G00 Z200;                        //退刀
N260 X100;                            //退刀
N270 T0505;                           //换5号刀
N280 G00 X0 Z3 S200;                  //刀具定位
```

```
N290 G01 Z-45 F120;                //铰孔
N300 G00 Z200;                     //退刀
N310 X100;                         //退刀
N310 M05;                          //主轴停
N320 M30;                          //程序结束
%
```

3. 注意事项

(1)钻孔前要先把工件平面车平,中心处不能留出凸头,以利于钻头正确定心;

(2)用麻花钻钻孔时,一般要先用中心钻加工出中心孔来定心,再用钻头钻孔,这样加工的工件同轴度较好;

(3)钻削时必须使用冷却液,并浇注在切削区域内;

(4)对于精度较高的孔,钻削后一定要留有合理的余量用以铰削;

(5)要注意铰刀的保养,避免碰伤;

(6)铰削时,因为铰刀的切削部分较长,故可以适当增加进给量;

(7)铰削钢件时要防止出现刀瘤,否则容易将内孔拉毛;

(8) 铰孔时要注意铰刀的中心线必须与工件中心线同轴,否则易产生锥形或将孔铰大。

课题 2.3.2　直通孔的加工

一、工艺知识

1. 车直通孔常用的车刀

车削直通孔时采用的内孔车刀为直通孔车刀,也称为通孔镗刀,其刀具的形状和普通车床使用的刀具相似。选择直通孔车刀时要注意:

(1)刀杆长度不能太长,否则刀具刚性太差,易产生让刀、振动现象。刀杆一般比被加工孔深长 5~10mm。

(2)刀杆直径根据孔径尽量大些,以增加刚性,但必须小于加工的孔径,否则刀杆不能进入孔内。

(3)直通孔车刀的刀杆及刀具后刀面呈圆弧形状,要求刀杆圆弧半径略小于孔的半径,以避免刀杆碰伤工件内表面。

2. 切削用量选择

车直通孔的切削用量选择与车削外圆相似,粗车、精车分开,但由于直通孔车刀的刀杆直径受孔径的限制,刚性较差,故其切削深度及进给量应略小于外圆加工。

3. 加工工艺路线的确定

车直通孔时的进给路线与车削外圆相似,仅是 X 方向的进给方向相反。另外在退刀时,径向的移动量不能太大,以免刀杆与内孔相碰。

二、编程知识

1. 起刀点的确定

车直通孔时的起刀点有两种情况,一般以工件中心为起刀点,操作者一也可以根据具体情况选择。

2. 换刀点确定

车直通孔时,刀具轴线与工件轴线应保持平行。由于刀杆伸出较长,故设置换刀点时一定要稍远离工件,以免换刀时刀具碰撞工件的外圆表面。尤其要注意:孔加工完后刀具回换刀点时的进给路线,应先使 Z 方向回到换刀点坐标,然后再使 X 方向回到换刀点坐标,否则刀杆将与工件直通孔相撞,造成事故。

3. 常用编程指令

车直通孔常用编程指令同车削外圆指令,如:

G01 X __ Z __ F __ ;用于直线插补;

G90 X __ Z __ F __ ;用于内圆循环指令。

三、加工实例

加工如图 2-46 所示的零件,毛坯为 ϕ45mm × 100mm 的棒料,工件材料为 45 号钢。

1. 工艺分析

1)零件几何特点

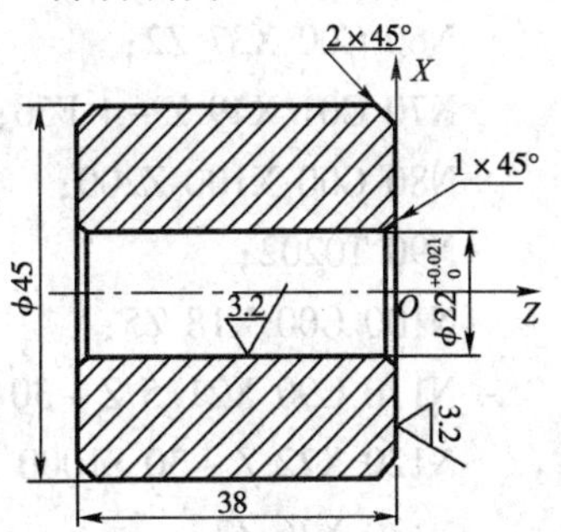

图 2-46 直通孔加工实例
(尺寸单位:mm)

该零件为一套类零件,主要加工面为端面、倒角和内孔加工。内孔尺寸偏差为 0.021mm,表面粗糙度为 3.2μm,需采用粗、精加工。

2)加工工序

根据零件图样要求其加工工序为:

(1)端面加工,选用 90°外圆车刀,手动;

(2)钻中心孔,选用 ϕ3mm 中心钻,手动;

(3)钻孔加工,选用 ϕ20mm 直柄麻花钻,手动;

(4)建立工件坐标系,并输入刀补值,坐标系如图 2-46 所示;

(5)平端面、倒角,选用 90°外圆车刀,平端面可采用 G94 指令;

(6)粗车、精车内孔至尺寸并倒角,选用镗孔车刀,采用 G90 指令,直径方向留 0.5mm 精车余量;

3)刀具及切削参数

各工序刀具及切削参数选择见表 2-9。

刀具及切削参数 表 2-9

序号	加工面	刀具号	刀具规格		主轴转速	进给速度
			类型	材料	n(r · min^{-1})	V(mm · min^{-1})
1	端面	T01	90°外圆车刀	硬质合金或高速钢	500	50
2	钻中心孔		ϕ3mm 中心钻		800	120
3	钻孔加工		ϕ20mm 直柄麻花钻		400	80
4	平端面、倒角	T01	90°外圆车刀		500	50
5	粗车内孔	T02	镗孔车刀		500	60
6	精车内孔	T02	镗孔车刀		1000	40

说明:01 号刀为基准刀,采用试切法对刀。

4)测量量具

精度要求较高的内孔可以用内径千分尺测量。

2. 参考程序

1)确定工件坐标系和对刀点

如图 2-46 所示,在 *XOZ* 平面内确定以工件右端面轴心线上点为工件原点,建立工件坐标系,采用手动试切对刀方法对刀,T01 刀具为对刀基准刀具。

2)程序清单

```
%
O3002
N10 G00 X100 Z200;                //换刀点
N20 T0100;                        //换 1 号刀
N30 M03 S500;                     //主轴顺转
N40 G00 X50 Z4;                   //刀具定位
N50 G94 X0 Z0 F50;                //端面切削循环
N60 G00 X37 Z2;                   //刀具定位
N70 G01 X49 Z-4 F50;              //倒角
N80 G00 X100 Z200;                //回换刀点
N90 T0202;                        //换 2 号刀
N100 G00 X18 Z5;                  //退刀
N110 G90 X21.5 Z-30 F60;          //粗镗内孔
N120 X22 Z-30 S1000 F40;          //精镗内孔
N130 X26 Z2;                      //退刀
N140 G01 X18 Z-2 S500 F50;        //倒角
N150 G00 Z200;
X100 ;                            //回换刀参考点
N160 T0200;                       //取消 2 号刀补
N170 M05;                         //停主轴
N180 M30;                         //程序结束
%
```

3. 注意事项

(1)车直通孔时,直通孔车刀的尺寸必须根据加工工件的尺寸和材料认真选择;

(2)精车直通孔时应保持车刀锋利防止产生锥形;

(3)车直通孔时应注意排屑问题,否则会由于切屑阻塞造成刀具扎刀而将直通孔车废;

(4)精车直通孔时如果采用 G01 指令车削,孔口倒角可在精车时一次车出。

课题 2.3.3 台阶孔的加工

一、工艺知识

1. 加工台阶孔时常用车刀要求

加工台阶孔时,车刀除了具有直通孔车刀的要求之外,还要求车刀的主偏角为 93°~95°,并且刀杆侧面到刀尖的径向距离 α 不能太大,以使之有足够的余地将内台面车平,如图 2-47 所示。

2. 台阶孔加工的工艺路线

台阶孔加工一般也根据“先近后远”、“先粗后精”的原则,先粗车大孔、小孔,然后再精车大孔、小孔。但有时还要根据具体的零件及要求特殊处理。

二、编程知识

台阶孔加工与外圆加工相似,这里不详细列出。

三、加工实例

加工如图 2-48 所示的零件,毛坯为 ϕ55mm × 45mm 的棒料,工件材料为 45 号钢。

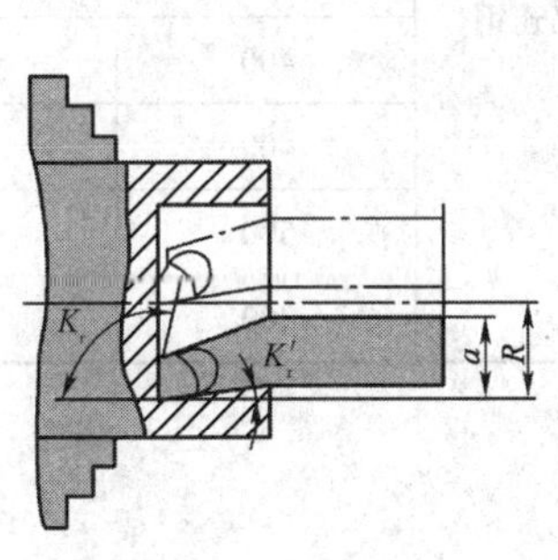

图 2-47 加工台阶孔的刀具

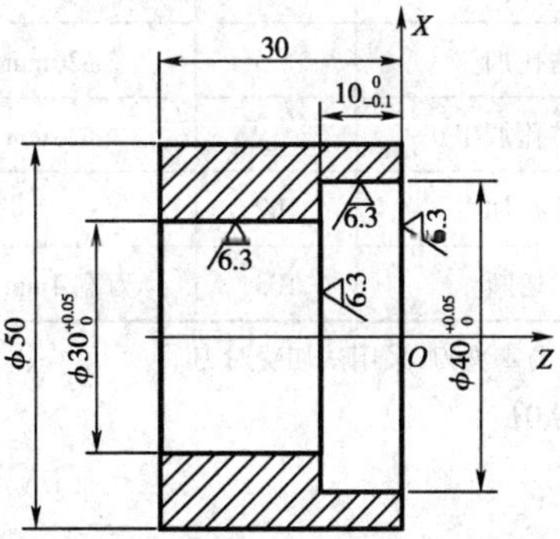

图 2-48 台阶孔加工实例(尺寸单位:mm)

1. 工艺分析

1)零件几何特点

该零件为一套类零件,主要加工面为端面和内孔加工。内孔尺寸偏差为 0.05,表面粗糙度为 6.3μm。

2)加工工序

根据零件图样要求,选用 CK6140 机床即可。

加工时以外圆为定位基准,用卡盘夹紧。其工艺过程如下:

(1)平端面,用 G94 进行;

(2)外圆粗车,用 G90 进行,留 0.5mm 的精车余量;

(3)外圆精车,用 G90 进行,达到尺寸要求;

(4)打中心孔,利用尾座用手动操作;

(5)钻孔加工,利用尾座手动钻;

(6)扩孔加工,利用尾座手动钻;

(7)镗孔加工,先镗小孔再镗大孔,用 G90 镗削;

(8)切断,选用刀宽为 4mm 的切断刀。

3)刀具及切削参数

各工序刀具及切削参数选择见表 2-10。

4)测量量具

精度要求较高的内孔可以用内径千分尺测量。

2. 参考程序

1)确定工件坐标系和对刀点

如图 2-48 所示，在 *XOZ* 平面内确定以工件右端面轴心线上点为工件原点，建立工件坐标系，采用手动试切对刀方法对刀，T01 刀具为对刀基准刀具。

刀具及切削参数 表 2-10

序号	加工面	刀具号	刀具规格		主轴转速	进给速度
			类　型	材　料	$n(\mathrm{r \cdot min^{-1}})$	$V(\mathrm{mm \cdot min^{-1}})$
1	端面	T01	90°外圆车刀	高速钢	500	50
2	粗车外圆	T01	90°外圆车刀		500	100
3	精车外圆	T01	90°外圆车刀		1000	50
4	点孔加工		ϕ3mm 中心钻		800	120
5	钻孔加工		ϕ20mm 麻花钻		400	80
6	扩孔加工		ϕ28mm 麻花钻		400	80
7	镗孔加工	T02			500	60
8	切断	T03	刀宽 4mm 的切断刀		400	40

说明：01 号刀为基准刀，采用试切法对刀。

2）程序清单

程序如下：

```
%
O3003
N10 G00 X120 Z200;              //刀具换刀点
N20 T0100;                      //换 1 号刀
N30 M03 S500;                   //启动主轴
N40 G00 X58 Z5;                 //刀具定位
N50 G94 X0 Z0 F50;              //平端面
N55 G90 X50.5 Z-35 F100;        //加工外圆
N70 S1000;
N100 G90 X50 Z-35 F50;          //加工外圆
N110 G00 X120 Z200;             //回换刀点
N120 T0202;                     //换 2 号刀
N140 X28 Z5;                    //退刀
N150 G90 X 29.5 Z-30 F60;       //镗内孔
N160 X39.5 Z-10;                //镗内孔
N170 X30 Z-30 S1000 F40;        //精镗内孔
N180 X40 Z-10;                  //精镗内孔
N190 G00 X100 Z200 S400;        //回换刀参考点
N200 T0200;                     //取消 2 号刀补
N210 T0303;                     //换 3 号刀
N220 G00 X54 Z-34;              //刀具加工定位
N230 G01 X1 F30;                //切断工件
N240 G00 X100;                  //退刀
```

```
N250 Z200 T0300;                    //回换刀参考点
N260 M30;                           //程序结束
%
```

3. 注意事项

(1)加工台阶孔时,孔的深度必须严格计算控制,否则因进给过深引起刀具的损坏;

(2)内平面加工时必须平直,孔壁与内平面相交处要清角;

(3)要防止孔径出现喇叭孔的形状。

课题 2.3.4 内沟槽的加工

一、工艺知识

1. 刀具选择

车削内沟槽时,要使用内沟槽车刀。

内沟槽车刀的刀杆与内孔车刀一样,其切削部分又类似于外圆切槽刀,只是刀具的后刀面呈圆弧状,目的是为了避免与孔壁相碰。

内沟槽的主切削刃宽度不能太宽,否则易产生振动(内孔车刀本身刚性较差);刀头长度应略大于槽的深度,并且主切削刃到刀杆侧面距离 α 应小于工件孔径 D,如图 2-49 所示。

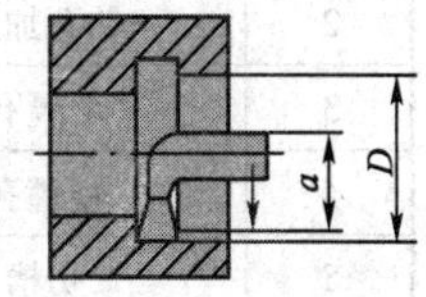

图 2-49 内沟槽刀具

2. 加工工艺的确定

内沟槽的加工方法与外圆槽加工相似,由于内沟槽刀的刚性较差,操作者不能直接观察到切削过程,故切削用量要比车外圆槽小些。

二、编程知识

1. 换刀点

车内沟槽时,换刀点设置的要求与车削台阶相似。刀具在换刀过程中不能与工件外圆表面相碰,且刀具在加工完后退回换刀点时,不能与工件内表面相碰。

2. 常用指令

内沟槽加工指令与外圆槽的加工指令相同。一般情况下,较窄的槽加工时可以用直线插补指令,用直进法车削而成(刀宽 = 槽宽);较宽的槽加工时则可分次车削加工。

(1)熟练掌握 G00 快速定位指令的格式、走刀线路及运用;

(2)熟练掌握 G01 定位指令的格式、走刀线路及运用;

(3)辅助指令 S、M、T 指令功能及运用;

(4)熟练掌握 G71 内(外)径粗精车复合循环指令的格式、走刀线路及运用。

(5)熟练掌握 G70 内(外)径精车复合循环指令的格式。

三、加工实例

加工如图 2-50 所示的零件,毛坯为 ϕ80mm × 83mm 的棒料,工件材料为 45 号钢。

1. 工艺分析

1)零件几何特点

该零件由内孔与内槽组成,其几何形状为圆柱形的套类零件,需采用粗、精加工。

2)加工工序

根据零件图样要求,选用 CK6150 机床即可。

加工时以外圆为定位基准,用卡盘夹紧。其工艺过程如下:

(1)打中心孔,利用尾座用手动操作;

(2)钻孔加工,利用尾座手动钻;

(3)粗镗孔,用 G90 镗削;

(4)精镗孔,用 G90 镗削;

(5)切槽,用 G01 切削;

3)刀具及切削参数

各工序刀具及切削参数选择见表 2-11。

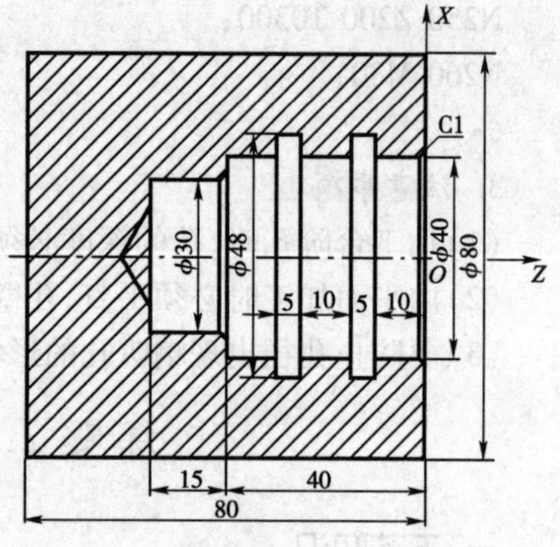

图 2-50 内沟槽加工实例(尺寸单位:mm)

刀具及切削参数 表 2-11

序号	加工面	刀具号	刀具规格		主轴转速	进给速度
			类型	材料	n(r·min⁻¹)	V(mm·min⁻¹)
1	点孔加工		ϕ3mm 中心钻	高速钢	800	120
2	钻孔加工		ϕ28mm 麻花钻	高速钢	400	80
3	粗镗孔	T01	内孔镗刀	硬质合金	500	60
4	精镗孔	T01	内孔镗刀	硬质合金	1000	40
5	切槽	T02	内孔切槽刀,刀宽 5mm	硬质合金	500	40

说明:01 号刀为基准刀,采用试切法对刀。

4)测量量具

精度要求较高的内孔可以用内径千分尺测量。

2. 参考程序

1)确定工件坐标系和对刀点

如图 2-50 所示,在 *XOZ* 平面内确定以工件右端面轴心线上点为工件原点,建立工件坐标系,采用手动试切对刀方法对刀,T01 刀具为对刀基准刀具。

2)程序清单

程序如下:

```
%
O3004
N10 G00 X100 Z200;                 //换刀点
N20 T0100;                         //换 1 号刀
N30 M03 S500;                      //主轴顺时针转动
N40 G00 X25 Z2;                    //快速定位
N50 G71 U0.5 R0.5;                 //内轮廓粗加工复合循环
N60 G71 P70 Q150 U0.4 W0.2 F60;
N70 M03 S1000;                     //精加工循环转速
N80 G00 X42;                       //精加工轮廓起始行
N90 G01 Z0 F100;                   //刀具靠近工件端面
N100 G01 X40 Z-1 F40;              //精加工第一个倒角
```

```
N110 G01 Z-40;              //精加工 φ40mm 的内径
N120 G01 X32;               //到第二个倒角的大端
N130 G01 X30 Z-41;          //精加工第二个倒角
N140 G01 Z-55;              //精加工 φ30mm 的内径
N150 G01 X25;               //退刀
N155 G70 P70 Q150;          //精加工循环
N160 G00 Z200;              //Z 方向先快速退回换刀点
N170 G00 X100;              //X 方向快速退回换刀点
N180 T0303;                 //换二号刀,加工内槽
N190 M03 S500;              //主轴转速为 500r/min
N200 G00 X38 Z2;            //快速定位
N210 G01 Z-30 F150;         //刀尖走到 Z-30 处
N220 G01 X48 F40;           //加工内槽
N230 G04 X1;                //槽底刀具停留 1s
N240 G00 X38;               //快速退刀
N250 G00 Z-28;              //快速退刀
N260 G01 X48 F40;           //对槽宽进行修整
N270 G04 X1;                //槽底刀具停留 1s
N280 G00 X38;               //快速退刀
N290 G00 Z-15;              //快速退刀
N300 G01 X48 F40;           //加工内槽
N310 G04 X1;                //槽底刀具停留 1s
N320 G00 X38;               //快速退刀
N330 G00 Z-13;              //快速退刀
N340 G01 X48 F25;           //对槽宽进行修整
N350 G04 X1;                //槽底刀具停留 1s
N360 G00 X38;               //快速退刀
N370 G00 Z200;              //Z 方向先快速退回换刀点
N380 G00 X100 T0200;        //X 方向快速退回换刀点,取消 2 号刀补
N390 M30;                   //主程序结束
%
```

3. 注意事项

(1)车削内沟槽时要严格计算 Z 方向尺寸,避免刀具进给深度超过孔深而使刀具损坏;

(2)内沟槽刀具切削刃宽度不能过宽,否则会产生振动;

(3)切削用量选择不合理,刀具刃磨不当,致使铁屑不断屑,因此应选择合理切削用量及刀具;

(4)程序在输入后要养成用图形模拟的习惯,以保证加工的安全性;

(5)尺寸及表面粗糙度达不到要求时,要找出其中原因,知道正确的操作方法及注意事项。

课题 2.3.5　内圆锥的加工

一、工艺知识

1. 刀具选择

内圆锥加工使用的刀具与内孔加工所用的刀具相同。

2. 加工工艺的确定

内圆锥加工时一般采用钻孔、车内锥的工艺路线。钻孔时应留有 1 ~ 2mm 的余量,以保证圆锥加工的精度。车削内圆锥时的方法与车削外圆锥相同,由于内孔车刀的刚性比外圆车刀差,故切削用量要适当选得小些。

二、编程知识

内圆锥加工使用的指令与外圆锥加工相同(用 G01、G71、G70 或 G90 指令),但要注意内圆锥加工时直径方向(X 方向)的进给与外圆锥相反。

三、加工实例

加工如图 2-51 所示的零件,毛坯为 $\phi 55\text{mm} \times 75\text{mm}$ 的棒料,工件材料为 45 号钢。

1. 工艺分析

1)零件几何特点

该零件由内圆锥组成,其几何形状为圆柱形的套类零件,需采用粗、精加工。

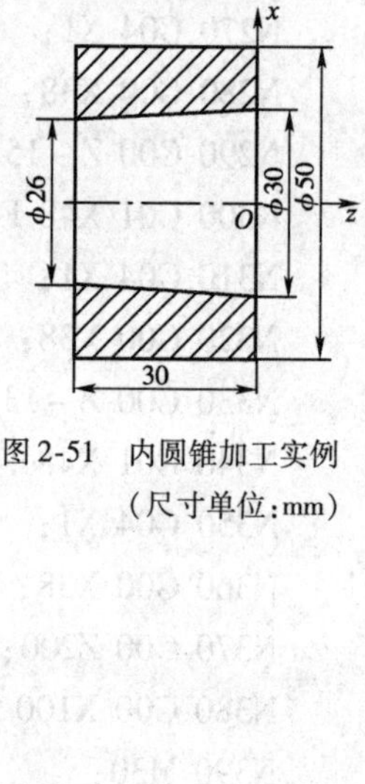

x
φ26
φ30
φ50
O
z
30

图 2-51　内圆锥加工实例
(尺寸单位:mm)

2)加工工序

根据零件图样要求,选用 CK6150 机床即可。

加工时以外圆为定位基准,用卡盘夹紧。其工艺过程如下:

(1)打中心孔,利用尾座用手动操作;

(2)钻孔加工,利用尾座手动钻;

(3)粗镗孔,用 G71 镗削;

(4)精镗孔,用 G70 镗削;

(5)切断,选用刀宽为 4mm 的切断刀。

3)刀具及切削参数

各工序刀具及切削参数选择见表 2-12。

刀具及切削参数　　表 2-12

序号	加工面	刀具号	刀具规格		主轴转速	进给速度
			类　型	材　料	$n(\text{r} \cdot \text{min}^{-1})$	$V(\text{mm} \cdot \text{min}^{-1})$
1	点孔加工		ϕ3mm 中心钻	高速钢	800	120
2	钻孔加工		ϕ24mm 麻花钻		400	80
3	粗镗孔	T01	内孔镗刀	硬质合金	500	60
4	精镗孔	T01	内孔镗刀		1000	40
5	切断	T02	刀宽 4mm 的切断刀		500	40

说明:01 号刀为基准刀,采用试切法对刀。

4)测量量具

精度要求较高的内孔可以用内径千分尺测量。

2. 参考程序

1)确定工件坐标系和对刀点

如图 2-51 所示,在 *XOZ* 平面内确定以工件右端面轴心线上点为工件原点,建立工件坐标系,采用手动试切对刀方法对刀,T01 刀具为对刀基准刀具。

2)程序清单

程序如下:

```
%
O3004
N10 G00 X100 Z200;                  //换刀点
N20 T0100;                          //换1号刀
N30 M03 S500;                       //主轴顺时针转动
N40 G00 X20 Z3;                     //刀具定位
N50 G71 U0.5 R0.2;                  //内轮廓粗加工复合循环
N60 P70 Q130 U0.4 W0.2 F60;
N70 M03 S1000;                      //主轴正转,转速为1000r/min
N80 G00 X30;                        //精加工轮廓起始行
N90 G01 Z0 F40;                     //刀具靠近工件端面
N100 G01 X26 Z-30;                  //精加工圆锥表面
N110 G01 X20 F100;                  //刀具退到安全位置
N120 G00 Z200;                      //Z方向先快速退回换刀点
N130 G00 X100;                      //X方向快速退回换刀点
N140 T0202;                         //换2号刀
N150 G00 X60 Z-34;                  //刀具定位
N160 G01 X2 F40;                    //切断
N170 G00 X100;                      //X方向先快速退回换刀点
N180 Z200;                          //Z方向快速退回换刀点
N190 T0400;                         //取消4号刀补
N200 M05;                           //主轴停止
N210 M30;                           //程序结束
%
```

3. 注意事项

(1)加工内圆锥时刀尖必须对准工件轴线,否则工件将产生双曲线误差;

(2)切削内圆锥时,可使用恒线速度切削,以提高表面质量;

(3)内圆锥加工与外圆锥加工方法相似,要注意退刀时的先后顺序。

课题 2.3.6 综合练习

一、工艺知识

加工套类零件时,一般既有外圆加工,又有内孔加工,编程操作时应尽量遵循“先内后外”

的顺序原则。若零件内孔与外圆有同轴度要求时，应尽量采用一次装夹加工的方法保证形位公差，也可用专用芯轴定位加工。

二、加工实例

加工如图 2-52 所示的零件，毛坯为 ϕ55mm×60mm 的棒料，工件材料为 45 号钢。

1. 工艺分析

1）零件几何特点

该零件由内孔与内槽组成，其几何形状为圆柱形的套类零件，内孔尺寸偏差为 0.04，表面粗糙度为 3.2μm，需采用粗、精加工。

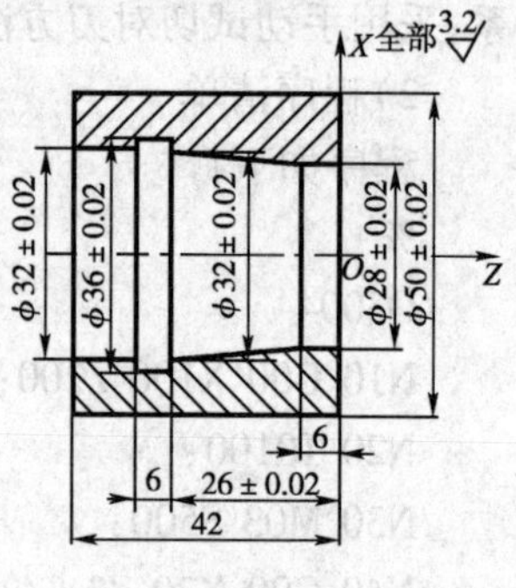

图 2-52 套类零件综合加工实例
（尺寸单位：mm）

2）加工工序

根据零件图样要求，选用 CK6150 机床即可。

加工时以外圆为定位基准，用卡盘夹紧。其工艺过程如下：

（1）平端面，用 G94 进行；

（2）外圆粗车，用 G90 进行，留 0.5mm 的精车余量；

（3）外圆精车，用 G90 进行，达到尺寸要求；

（4）打中心孔，利用尾座用手动操作；

（5）钻孔加工，利用尾座手动钻；

（6）粗镗孔，用 G90 镗削；

（7）精镗孔，用 G90 镗削；

（8）切断，选用刀宽为 4mm 的切断刀。

3）刀具及切削参数

各工序刀具及切削参数选择见表 2-13。

刀具及切削参数 表 2-13

序号	加工面	刀具号	刀具规格		主轴转速	进给速度
			类　型	材　料	$n(\mathrm{r\cdot min^{-1}})$	$V(\mathrm{mm\cdot min^{-1}})$
1	端面	T01	90°外圆车刀	硬质合金	500	60
2	粗车外圆	T01	90°外圆车刀		500	100
3	精车外圆	T01	90°外圆车刀		1000	50
4	点孔加工		ϕ3mm 中心钻	高速钢	800	120
5	钻孔加工		ϕ24mm 麻花钻		400	80
6	粗镗孔	T02	内孔镗刀	硬质合金	500	60
7	精镗孔	T02	内孔镗刀		1000	40
8	切槽	T03	内孔切槽刀		400	40
9	切断	T04	刀宽 4mm 的切断刀		400	40

说明：01 号刀为基准刀，采用试切法对刀。

4）测量量具

精度要求较高的内孔可以用内径千分尺测量。

2. 参考程序

1）确定工件坐标系和对刀点

如图 2-52 所示，在 *XOZ* 平面内确定以工件右端面轴心线上点为工件原点，建立工件坐标系,采用手动试切对刀方法对刀,T01 刀具为对刀基准刀具。

2)程序清单

程序如下:

```
%
O3004
N10 G00 X100 Z200;                    //换刀点
N20 T0100;                            //换1号刀
N30 M03 S500;                         //主轴顺时针转动
N40 G00 X60 Z3;                       //刀具定位
N50 G94 X-1 Z0 F60;                   //端面切削循环
N60 G00 X60 Z2;                       //刀具定位
N70 G90 X51.5 Z-46 F100;              //外圆粗车循环
N80 X50.5;
N90 X50 S1000 F50;                    //外圆精车循环
N100 G00 X100 Z200;                   //换刀点
N110 T0303;                           //换3号刀
N120 G00 X20;                         //刀具定位
N130 Z-32;
N140 G01 X36 F40;                     //切槽
N150 G04 X2;                          //暂停2s
N160 G01 X24 F150;                    //退刀
N170 G00 Z200;                        //换刀点
N180 T0300;                           //取消3号刀补
N190 T0202;                           //换2号刀
N200 G00 X20 Z5;                      //刀具定位
N210 G90 X26 Z-48 F60;                //钻孔循环
N220 X27.5;
N230 G00 Z-5;                         //刀具定位
N290 G01 X27.5 Z-6 F60;
N300 X32.5 Z-26;                      //粗镗内锥孔
N310 Z-48;                            //粗镗内圆柱孔
N320 G01 X20 F150;                    //退刀
N330 G00 Z5 S1000;                    //刀具定位
N340 X28;
N350 G01 Z-6 F40;                     //精镗内圆柱孔
N360 G01 X32 Z-26;                    //精镗内锥孔
N370 Z-48;                            //精镗内圆柱孔
N380 G01 X20 F150;                    //退刀
N410 G00 Z200;                        //换刀点
N420 X100;                            //换刀点
```

```
N430 T0200 S400;                    //取消2号刀补
N440 T0404;                         //换4号刀
N450 G00 X58 Z-46;                  //刀具定位
N460 G01 X2 F40;                    //切断
N470 X60 F150;                      //退刀
N480 X100 Z200;                     //换刀点
N490 T0400;                         //取消4号刀补
N500 M05;                           //主轴停止
N510 M30;                           //程序结束
%
```

项目四　螺纹零件的程序编制

课题2.4.1　车削外三角螺纹

一、工艺知识

1. 螺纹标注的含义

图2-53所示为普通螺纹的标注，图2-54所示为梯形、锯齿形螺纹的标注。

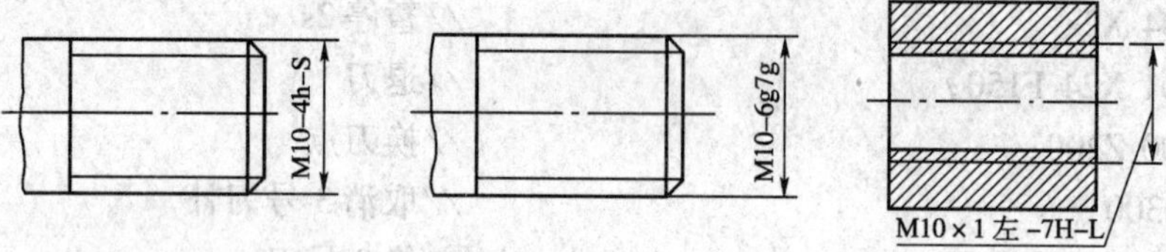

图2-53　普通螺纹标注

图2-53中：M10—4h—S表示外螺纹，粗牙普通螺纹，大径为10mm，右旋，中径和顶径公差带代号为4h，短旋合长度；M10—6g7g表示外螺纹、粗牙普通螺纹，大径为10mm，右旋，中径公差带为6g，顶径公差带为7g，中旋合长度；M10×1左—7H—L表示内螺纹，细牙普通螺纹，大径为10mm，螺距为1mm，左旋，中径和顶径的公差带为7H，长旋合长度。

图2-54中：Tr26×5—7H表示内螺纹，梯形螺纹，大径为26mm，螺距为5mm，单线，右旋；中径公差带代号为7H，旋合长度为N组；S36×6—7e表示外螺纹，锯齿形螺纹，大径为36mm，螺距为6mm，单线，右旋。

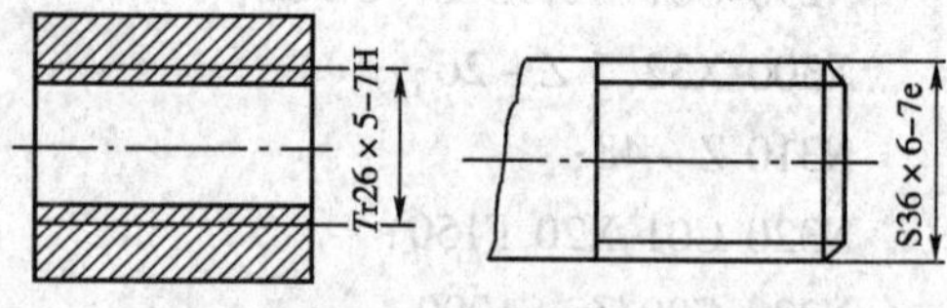

图2-54　梯形、锯齿形螺纹标注

从图2-53和图2-54螺纹的标注含义中可以看出：

(1)按照螺旋线分布的表面，螺纹可以分为外螺纹和内螺纹；

(2)按螺纹断面形状，螺纹可以分为三角形螺纹、矩形螺纹、梯形螺纹和锯齿形螺纹；

①三角螺纹，代号“M”。牙形断面呈三角形，摩擦力大，强度高，作连接用，分公制和英制两种，公制螺纹的牙形角 $a=60°$，英制 $a=55°$，三角螺纹已标准化。

②梯形螺纹，代号“T”。牙形断面呈等腰梯形，牙形角，公制 $a=30°$，英制 $a=29°$，梯形螺

纹应用的地方很多,如车床的丝杠,中、小拖板的丝杠等,是传动的主要形式之一。由于精度要求较高,比三角螺纹的加工要复杂得多,梯形螺纹也已标准化。

③锯齿形螺纹,代号“S”。牙形断面呈锯齿形状,牙形角 $a=33°$(工作面牙形角3°),转动效率比梯形螺纹高,常用于单向承受压力的锻压机械,轧钢机,螺纹压力机等,锯齿形螺纹也已标准化。

④矩形螺纹。牙形断面呈方形,传动效率较其他螺纹高,强度低,精确车削困难,应用受到局限,矩形螺纹一般用于力传动,没有标准化,可用梯形螺纹代替。

(3)普通螺纹根据螺距大小分为粗牙普通螺纹和细牙普通螺纹。

2. 螺纹的切削方法

在数控车床上加工螺纹的方法有直进法、斜进法两种,见图2-55。直进法容易获得较准确的牙形,但切削力较大,适合加工导程较小的三角螺纹(一般导程小于3mm);斜进法在每次往复行程后,除了做横向进刀外,只在纵向的一个方向做微量进给,斜进法适合加工导程较大的螺纹。

数控车床除了加工普通车床加工的标准螺纹外,还可以加工普通车床不能加工的大螺距、变螺距、等螺距与变螺距或圆柱与圆锥螺纹面之间作平滑过渡的螺纹零件,而且加工螺纹时,主轴转向不向普通车床那样交替变换,它可以不停顿地循环直至完成螺纹加工完成,所以数控车床切削螺纹具有范围广、精度高和效率高的特点。

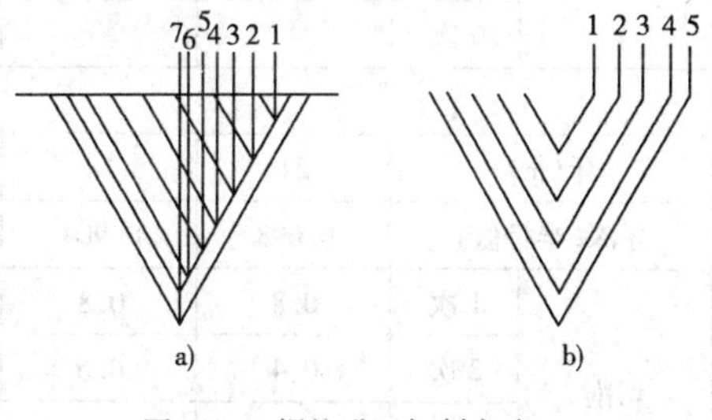

图2-55 螺纹进刀切削方法

a)斜进法;b)直进法

数控车床也可以加工多线普通螺纹,而且不容易“乱扣”。

3. 螺纹切削用基本参数

螺纹的主要参数有大径、小径、中径、线数、螺距、牙形角。其中牙形角是螺纹车刀刀尖角刃磨的依据;其他则要根据螺纹加工的实际情况进行计算。

1)大径 d 螺纹最大直径(螺纹的牙顶直径)的计算

考虑到车刀对工件的挤压使塑性材料的工件发生塑性变形是工件直径变大,所以外螺纹的大径为:

$$d=\text{公称直径}-0.13P$$

2)小径 d_1 螺纹最小直径(螺纹的牙底直径)的计算

$$d_1=D_1=d-1.08P$$

3)螺距 P

沿轴线量的两牙对应点间的距离,等于螺纹导程与螺纹线数的比值。

数控车床加工螺纹时,由于机床伺服系统本身具有滞后特性,会在螺纹起始段和停止段发生螺距不规则现象,所以实际加工螺纹的长度应包括切入长度和切出长度。切入长度 δ_1 一般取2~5mm;切出长度 δ_2,一般取1~2mm。

4. 加工螺纹时的切削用量

由于螺纹加工属于成型加工,为了保证螺纹的导程,加工时主轴旋转一周,车刀的进给量必须等于螺纹的导程,进给量较大;另外,螺纹车刀的强度一般较差,故螺纹牙形往往不是一次加工而成的,一般需要多次进行切削,每次进给的吃刀量用螺纹深度与精加工吃刀量所得的差按递减规律分配，见表2-14。

螺纹切削的吃刀量分配表 表2-14

公制螺纹								
螺距(mm)		1.0	1.5	2	2.5	3	3.5	4
牙深(半径值)		0.649	0.974	1.299	1.624	1.949	2.273	2.598
切削次数及吃刀量(直径值)	1次	0.7	0.8	0.9	1.0	1.2	1.5	1.5
	2次	0.4	0.6	0.6	0.7	0.7	0.7	0.8
	3次	0.2	0.4	0.6	0.6	0.6	0.6	0.6
	4次		0.16	0.4	0.4	0.4	0.6	0.6
	5次			0.1	0.4	0.4	0.4	0.4
	6次				0.15	0.4	0.4	0.4
	7次					0.2	0.2	0.4
	8次						0.15	0.3
	9次							0.2
英制螺纹								
牙(in)		24	18	16	14	12	10	8
牙深(半径值)		0.698	0.904	1.016	1.162	1.355	1.626	2.033
切削次数及吃刀量(直径值)	1次	0.8	0.8	0.8	0.8	0.9	1.0	1.2
	2次	0.4	0.6	0.6	0.6	0.6	0.7	0.7
	3次	0.16	0.3	0.5	0.5	0.6	0.6	0.6
	4次		0.11	0.14	0.3	0.4	0.4	0.5
	5次				0.13	0.21	0.4	0.5
	6次						0.16	0.4
	7次							0.17

车螺纹的进给速度可以用f(mm/r)，也可以用v_f(mm/min)，两者的关系是：

$$v_f = n \times f$$

车螺纹的进给速度f等于该螺纹的导程。

数控车床车螺纹时，主轴转速要保证主轴转一周刀具移动一个导程，但受数控系统插补运算速度和主轴编码器的影响，不同的数控系统，推荐主轴转速范围是不同的。大多数普通数控车床推荐主轴转速为：

$$n \leqslant \frac{1200}{p} - k$$

5. 螺纹车刀的装夹

(1)装夹螺纹车刀时，刀尖要与工件中心等高(可根据尾座顶尖高度检查)；刀杆与工件轴线垂直。

(2)刀头伸出不要过长，一般为20~25mm(约为刀杆厚度的1.5倍)。

6. 车削螺纹的工艺安排

如果螺纹零件上有螺纹退刀槽，退刀槽和螺纹属于零件的次要表面，一般放在主要表面的粗加工、半精加工之后，精加工之前进行，所以工艺上应该先车槽，再车螺纹，然后在进行零件精加工；车削螺纹前的圆柱面尺寸可以按公式计算，也可以比基本尺寸小0.20~0.4mm，以保证车好螺纹后牙顶平滑，然后用车刀在工件平面上倒角至略小于螺纹小径。对于脆性材料，工件外圆表面粗糙度要小，以免车削螺纹时牙尖崩裂。

7. 螺纹的测量和检查

(1)大径的测量：螺纹大径的公差较大，一般可用游标卡尺或千分尺测量。

(2)螺距的测量：螺距一般可用钢直尺测量，如果螺距较小可先量 10 个螺距然后除以 10 得出一个螺距的大小。如果较大的可以只量 2 ~4 个，然后在求一个螺距。

(3)中径的测量：精度较高的三角形螺纹，可用螺纹千分尺测量，所测得的千分尺读数就是该螺纹的中径实际尺寸。

(4)综合测量：用螺纹环规综合检查三角形外螺纹。首先对螺纹的直径、螺距、牙形和粗糙度进行检查，然后再用螺纹环规测量外螺纹的尺寸精度。如果环规通端正好拧进去，而且止端拧不进，说明螺纹精度符合要求。

二、编程知识

相关编程指令包括：

1. 进给暂停指令 G04

格式：G04 X __ ；或 P __ ；

功能：刀具进给暂停移动。

2. 等螺距圆柱螺纹切削指令 G32

格式：

```
G00 X __ Z __;                    //进刀
G32 X(U)__ Z(W)__ F __;           //车螺纹
G00 X __;                         //X 向退刀
    Z __;                         //Z 向退刀
```

其中：F——螺纹导程。

说明：

(1)在螺纹切削期间进给速度倍率无效(固定 100%)。

(2)不停主轴而停止螺纹刀具进给是非常危险的，可能会因切削深度突然增加而损坏刀具。因此，在螺纹切削时进给暂停功能无效。如果在螺纹切削期间按了进给暂停按钮，进给暂停灯亮；刀具到了执行了非螺纹切削的程序段时停止，然后进给暂停灯灭。

(3)由于涡形螺纹和锥形螺纹切削期间恒表面切削速度控制有效，此时由于主轴速度发生变化有可能切不出正确的螺距。因此，在螺纹切削期间不要使用恒表面切削速度控制，而使用 G97。

(4)在螺纹切削程序段的前一个程序段中不能指定倒角或拐角 *R*。

(5)在螺纹切削程序段中不能指定倒角或拐角 *R*。

(6)主轴速度倍率功能在切螺纹时失效，主轴倍率固定在 100%。

3. 切削螺纹循环指令 G92

格式：

```
G00(G01) X __ Z __ (F __);
G92 X __ Z __ F __ ;
    X __;
```

X __；

在螺纹切削循环中，切螺纹的退刀方式是先退刀到由 G92 前一句指令所指定螺纹刀坐标 X 轴数值所定的位置点，然后退到螺纹刀起刀点位置上，再进入下一个循环中。

在螺纹切削期间，按下进给暂停按钮时，刀具立即按斜线退回，先回到 X 轴起点再回到 Z 轴起点。

三、加工实例

加工如图 2-56 所示的零件，毛坯为 ϕ40mm × 75mm 的棒料，工件材料为 45 号钢。

1．工艺分析

1）零件几何特点

零件加工面主要为端面、外圆、退刀槽以及 M30 × 1.5 的螺纹。尺寸要求如图 2-56 所示。

2）加工顺序

加工部位主要是 ϕ36mm 的外圆、端面、ϕ24mm × 5mm 的退刀槽以及 M30 × 1.5 的外螺纹的车削。根据零件图样要求，可以选用 CJK6140 机床进行加工。加工顺序是：

（1）平端面；

（2）外圆粗车；

（3）外圆精车；

（4）切退刀槽；

（5）螺纹车削。

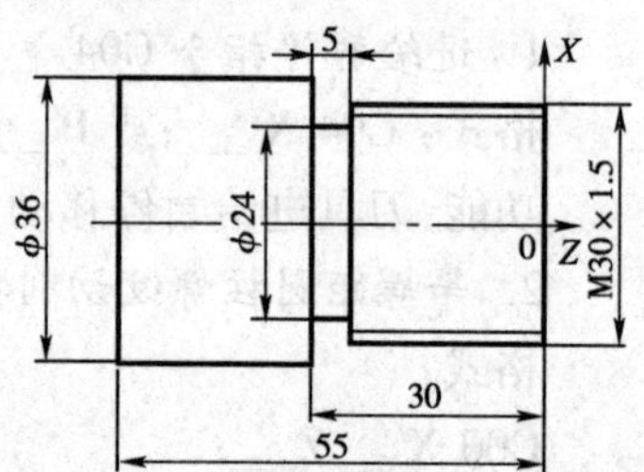

图 2-56 外三角螺纹加工实例（尺寸单位：mm）

3）相关计算

（1）加工外螺纹时外圆应该车到的尺寸按公式计算为：

$$d = 30\text{mm} - 0.13 \times 1.5\text{mm} = 29.805\text{mm}$$

（2）车螺纹时螺纹小径应该车到的尺寸按公式计算为：

$$d = 30\text{mm} - 1.08 \times 1.5\text{mm} = 28.38\text{mm}$$

4）刀具及切削参数

各工序刀具及切削参数选择见表 2-15。

刀具及切削参数表 表 2-15

序号	工序内容	刀具号	刀具规格		主轴转速	进给速度
			类　型	材　料	n（r · min^{-1}）	f（mm · min^{-1}）
1	端面车削	T01	90°外圆车刀具	硬质合金	500	50
2	外圆粗加工	T01	90°外圆车刀具		500	100
3	外圆精车	T02	90°外圆车刀具		1000	50
4	切退刀槽	T03	切槽刀		400	30
5	螺纹切削	T04	螺纹车刀		500	1.5

注：工件切断、调头装夹车左端面来保证工件长度以及孔口倒角的工序内容，一般在普通车床上加工，这里略去这些工序内容，如果放在数控车床上加工，相应的这些数控程序也略去，以后不再说明。

5）测量量具

选用分度值为 0.02mm 的卡尺。

2．参考程序

1）选定工件坐标系和对刀点

在 *XOZ* 平面内确定工件右端面与工件中心线交点为工件原点，建立工件坐标系如图 2-56 所示。

2）程序清单

```
O4001
N15 M03 S500;                        //主轴启动
N20 G00 X100 Z100;                   //刀具换刀参考点
N30 T0100;                           //换 1 号刀
N40 G00 X50 Z3;                      //刀具定位
N50 G94 X0 Z0 F50;                   //端面车削循环
N60 G90 X38 Z-59 F100;               //外圆车削循环
N70 X36.5 ;
N80 X35 Z-29.75;
N90 X32;
N100 X30.5;
N110 G00 X100 Z100;                  //快回换刀点
N115 T0202;                          //换 2 号刀
N120 S1000;
N121 G00 X45 Z2;                     //刀具定位
N122 G90 X36 Z-59 F50;               //外圆车削循环
N123 X29.805 Z-30;
N123 G00 X100 Z100 S400;             //快回换刀点
N124 T0200;                          //取消 2 号刀补
N125 T0303;                          //换 3 号刀
N130 G00 X40 Z-30;                   //刀具定位
N140 G01 X24 F30;                    //切槽
N150 G04 X2;                         //暂停
N160 G01 X45 F150;                   //退刀
N170 G00 X100 Z100;                  //快回换刀点
N180 T0300;                          //取消 3 号刀补
N190 T0404;                          //换 4 号刀
N230 G00 X 34 Z5;                    //刀具定位
N240 G92 X29.2Z-26 F1.5;             //螺纹车削循环第一次进给，螺距 1.5mm
N250 X28.6;                          //第二次进给
N260 X28.4;                          //第三次进给
N270 X28.38;                         //第四次进给
N275 X28.38;                         //光刀
N290 G00 X100 Z100;                  //快回换刀点
N300 T0400;                          //取消 4 号刀补
N310 T0303;                          //换 3 号刀
N320 G00 X42 Z-59;                   //刀具定位
```

```
N330 G01 X2 F30 S400;              //切断工件
N350 G01 X42 F150;                 //退刀
N360 G00 X100 Z100;                //快回换刀点
N370 T0300;                        //取消 3 号刀补
N390 M05;                          //主轴停止
N400 M30;                          //程序结束
%
```

课题 2.4.2　车削外锥螺纹

一、编程知识

刀具装夹、锥螺纹工艺安排、锥螺纹测量与课题 2.4.1 相关条目类似,编程略有不同,如图 2-57 所示。现说明如下:

1. 等螺距锥螺纹切削指令 G32

格式:

```
G00 X __ Z __;                 //进刀
G32 X(U)__ Z(W)__ F __ ;       //车螺纹
G00 X __;                      //X 向退刀
    Z __;                      //Z 向退刀
```

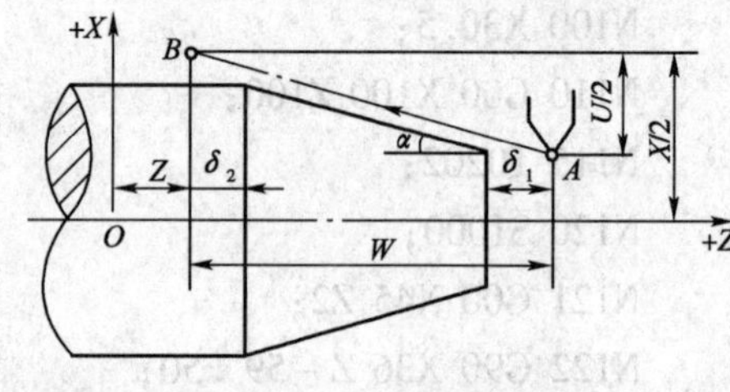

图 2-57　锥螺纹参数示意图

其中:F——螺纹导程。

从指令格式上看,与圆柱螺纹格式相同,F 为螺纹导程。不同的是,在加工锥螺纹时,斜角在 45°以下为 Z 轴方向螺纹导程;斜角在 45°以上,为 X 方向导程。

2. 锥螺纹切削循环指令 G92

格式:

```
G00(G01) X __ Z __ R __ (F __);
G92 X __ Z __ F __;
    X __;
    Z __;
```

其中:R——锥螺纹起点半径与终点半径之差,即 $R=U/2$。

二、加工实例

加工如图 2-58 所示的零件,毛坯为 ϕ50mm × 80mm 的棒料,工件材料为 45 号钢。

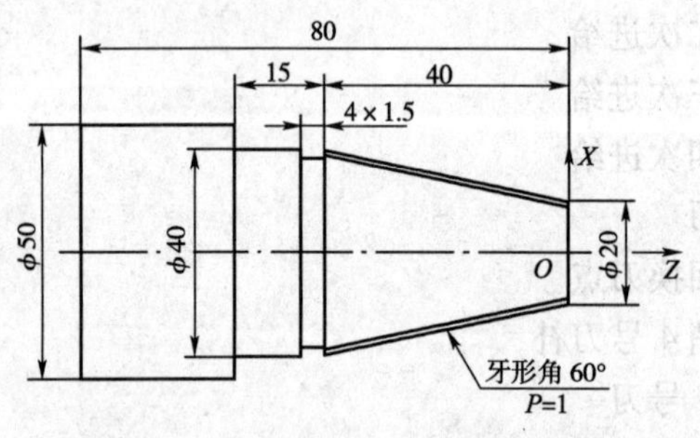

图 2-58　外锥螺纹加工实例(尺寸单位:mm)

1. 工艺分析

1)零件几何特点

零件加工面主要为端面、圆锥面、退刀槽以及一锥螺纹,尺寸要求如图所示。

2)加工顺序

加工部位主要是 ϕ40mm 外圆、端面、4mm × 1.5mm的退刀槽以及锥螺纹的车削。根据零件图样要求,可以选用 CJK6140 机床进行加工。加工顺序是：

(1)平端面；

(2)外圆、锥面粗车；

(3)外圆、锥面精车；

(4)切退刀槽；

(5)螺纹车削。

3)相关计算

(1)加工外轮廓螺纹大径时，外圆锥应该车到的尺寸按公式计算为：

$$d_{20} = 20\text{mm} - 0.13 \times 1\text{mm} = 19.87\text{mm}$$

$$d_{40} = 40\text{mm} - 0.13 \times 1\text{mm} = 39.87\text{mm}$$

(2)确定升速点和降速点：升速点距工件端面2mm，降速点具工件端面 -41.5mm，即 $\delta_1 = 2\text{mm}, \delta_2 = 1.5\text{mm}$。

(3)计算 R 值：在升速点，经过计算 $X_{起} = 19\text{mm}$；在降速点 $X_{终} = 40.75\text{mm}$。

所以 $$R = \frac{1}{2}(X_{起} - X_{终}) = \frac{1}{2}(19 - 40.75) = -10.875$$

(4)车锥螺纹时，螺纹小径在升速点和降速点应该车到的尺寸 d_{20} 和 d_{40}。

车锥螺纹时，螺纹小径在升速点和降速点应该车到的尺寸按公式计算为：

$$d_{20} = 19 - 1.08 \times 1 = 17.72\text{mm}$$

$$d_{40} = 40.75 - 1.08 \times 1 = 39.67\text{mm}$$

4)刀具及切削参数

各工序刀具及切削参数选择见表2-16。

刀具及切削参数表 表2-16

序号	工序内容	刀具号	刀具规格		主轴转速	进给速度
			类　型	材　料	$n(\text{r}\cdot\text{min}^{-1})$	$f(\text{mm}\cdot\text{r}^{-1})$
1	端面车削	T01	90°外圆车刀	硬质合金	500	0.1
2	外圆粗加工	T01	90°外圆车刀		500	0.2
3	外圆精车	T02	90°外圆车刀		1000	0.05
4	切退刀槽	T03	刀宽为4mm 切槽刀		400	0.1
5	螺纹切削	T04	60°米制螺纹车刀		500	1

5)测量量具

选用分度值为0.02mm的卡尺。

2. 参考程序

1)选定工件坐标系和对刀点

在 XOZ 平面内确定工件右端面与工件中心线交点为工件原点，建立工件坐标系。

2)程序清单

```
O4002                          //程序简要说明
N10 M03 S500 T0101;
N20 G00 X55.0 Z0;
N30 G01 X-2.0 F0.1;            //车端面
N40 G00 Z2.0;
```

```
N50 X55.0 Z2.0;                          //设置循环起始点
N55 G71 U2.0 R3.0
N60 G71 P70 Q100 U0.5 F0.5 F0.2;         //粗加工外圆和端面各留 0.5mm 精加工余量
N70 G00 X19.87;
N80 G01 Z0 F0.1;
N90 X39.87 Z-40.0 F0.05;                 //工件圆锥面
N100 Z-55.0;                             //工件圆柱面
N110 G00 X100.0 Z60.0;
N120 T0202;
N130 S1000;
N140 G00 X55.0 Z2.0;
N150 G70 P70 Q100;                       //精加工工件轮廓
N160 G00 X100.0 Z60.0;
N170 T0303 S400;
N180 G00 X55.0 Z-44.0;
N190 G01 X37.0 F0.1;                     //车槽
N200 X55.0;
N210 G00 X100.0 Z60.0;
N220 T0404;
N230 G00 X55.0 Z2.0;
N240 G92 X40.75 Z-41.5 R-10.875 F1;      //加工锥螺纹
N250 X40.0 R-10.875;
N260 X39.75 R-10.875;
N270 X39.67 R-10.875;
N280 G00 X100.0 Z60.0;
N290 M05;
N300 M30;
```

课题 2.4.3 车内螺纹

一、工艺知识

1. 螺纹车刀的装夹

(1)装夹螺纹车刀时,要使用安装样板。

(2)车大导程或多线螺纹,由于进给速度的影响,可使左侧刃后角大些,右侧刃后角小些,但不要小于 1°30′~2°。

2. 车削螺纹的尺寸计算

从理论上讲,螺纹底孔尺寸为 $D_{小}=D_{公称}-1.3P$;但按理论计算加工的螺纹过尖,因此实际加工中按下式计算螺纹底孔尺寸:

$$D_{小}=D_{公称}-1.08P-(0.05\sim0.2)$$

3. 循环程序的使用

螺纹数控加工通常采用螺纹切削固定循环指令，由于不同数控系统指令差别较大，使用时要注意参数的设置。

4. 螺纹切削的表刀点

为减少螺纹头部的螺距误差，螺纹切削的起刀点一般离螺纹头部两倍导程以上。

二、加工实例

加工如图2-59所示的零件，毛坯为ϕ60mm×31mm的棒料，工件材料为45号钢。

1. 工艺分析

1）零件几何特点

零件加工面主要为端面、台阶孔和M20mm×1.5mm的螺纹孔，尺寸要求如图2-59所示。

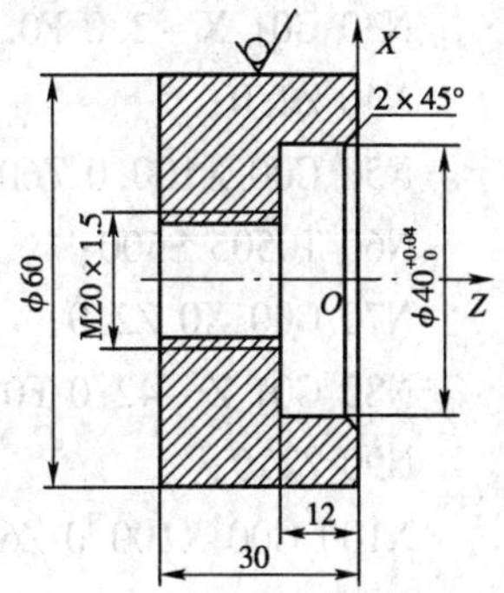

图2-59 内螺纹加工实例（尺寸单位：mm）

2）加工顺序

棒料两端已经在普通车床上加工，右端留有1mm加工余量。加工部位主要是ϕ40mm的台阶孔和M20mm×1.5mm的螺纹孔。根据零件图样要求，可以选用CJK6140机床进行加工。加工顺序是：

（1）用三爪自定心卡盘装夹，平端面，保证工件长度为30mm。

（2）用ϕ15mm麻花钻头钻通孔。

（3）用90°内孔镗刀粗车，径向留0.8mm轴向留0.6mm的精车余量。

（4）精车两内孔。

（5）车螺纹。

3）相关计算

（1）ϕ40mm孔内径取中间值ϕ40.02mm。

（2）螺纹小径尺寸为：

$$D_{小} = D_{公称} - 1.08P - (0.05 \sim 0.2) = 30 - 1.08 \times 1.5 - 0.05 = 28.375$$

（3）螺纹的内孔尺寸为：

$$D_1 = D_{小} + 0.13P = 28.375 + 0.13 \times 1.5 = 28.57\text{mm}$$

4）刀具及切削参数

各工序刀具及切削参数选择见表2-17。

刀具及切削参数表 表2-17

序号	工序内容	刀具号	刀具规格		主轴转速	进给速度
			类　型	材　料	$n(r \cdot min^{-1})$	$f(mm \cdot r^{-1})$
1	端面车削	T08	90°外圆车刀具	硬质合金	1000	0.1
2	钻通孔	T05	ϕ25mm麻花钻头		500	0.2
3	粗车内孔	T06	90°内孔镗刀		500	0.2
4	精车内孔	T06	90°内孔镗刀		1000	0.1
5	螺纹切削	T07	螺纹车刀		500	1.5

5）测量量具

选用分度值为0.02mm的卡尺。

2. 参考程序

1)选定工件坐标系和对刀点

在 XOZ 平面内确定工件右端面与工件中心线交点为工件原点,建立工件坐标系如图 2-59 所示。

2)程序清单

```
O4003
N10 M03 S1000 T0808;
N20 G00 X65.0 Z0;
N30 G01 X-2.0 F0.1;
N40 Z2.0;
N50 G00 X100.0 Z60.0;
N60 T0505 S500;
N70 G00 X0 Z2.0;
N80 G01 Z-42.0 F0.2;
N90 Z2.0;
N100 G00 X100.0 Z60.0;
N110 T0606;
N120 G00 X10.0 Z2.0;
N130 G01 X17.0 Z-35.0 F0.2;
N132 Z2.0;
N140 X20.0;
N141 Z-35.0
N142 X24.0;
N143 Z-35.0
N144 X28.0;
N145 Z-35.0;
N146 X20.0;
N147 G00 X20.0 Z2.0;
N150 G90 X 32.0 Z-12.0;
N160 X36.0;
N190 X39.5;
N192 G00 X44.0 Z2.0;
N194 G01 Z0 F0.1;
N196 X40.02 Z-2.0;
N198 Z-12.0;
N200 X28.57;
N202 Z-35.0;
N204 X15.0;
N208 Z2.0F5;
N210 G00 X100.0 Z60.0;
```

```
N220 T0707 S500;
N230 G00 Z10.0.0;
N240 X14.0;
N250 G00 X18.0 Z-4.0;
N260 G92 X29.2 Z-32.0 F1.5;
N270 X29.7;
N280 X30.0;
N290 G00 Z2.0;
N300 X100.0 Z60.0;
N310 M30;
```

课题2.4.4 综合练习

一、工艺知识

带螺纹简单轴是指加工表面为外圆柱面、圆锥面、轴槽和螺纹,轴类零件精度为IT8~10,加工阶段一般为粗加工—半精加工,加工方法为粗车—精车,轴类零件刚性好,不需要采取特殊工艺措施。

如果零件轮廓尺寸从大到小单向排列,在编程时由于刀具没有什么限制,可以采用G90编程,也可采用G71编程,零件工艺性较好;如果零件尺寸中间大,两头小,零件一般需要调头加工,编程上与零件轮廓尺寸从大到小单向排列的情况类似,只是加工时注意接刀上不要留下明显的痕迹;如果零件尺寸中间小,两头大,一般认为零件工艺性不太好,中间部分可以根据工件形状采用切槽刀用G90程序编程,然后选择合适刀具精车工件外轮廓。

二、加工实例

(一)实例一

加工如图2-60所示的零件,毛坯为ϕ45mm×80mm的棒料,工件材料为45号钢。

1. 工艺分析

1)零件几何特点

零件加工面主要为端面、外圆、球面、退刀槽以及M24mm×2mm的螺纹。尺寸要求如图2-60所示。

2)加工顺序

加工部位主要是ϕ40mm的外圆、端面、ϕ24mm的外圆、5mm×2mm的退刀槽以及M24mm×2mm的外螺纹。根据零件图样要求,可以选用CJK6140机床进行加工。加工顺序是:

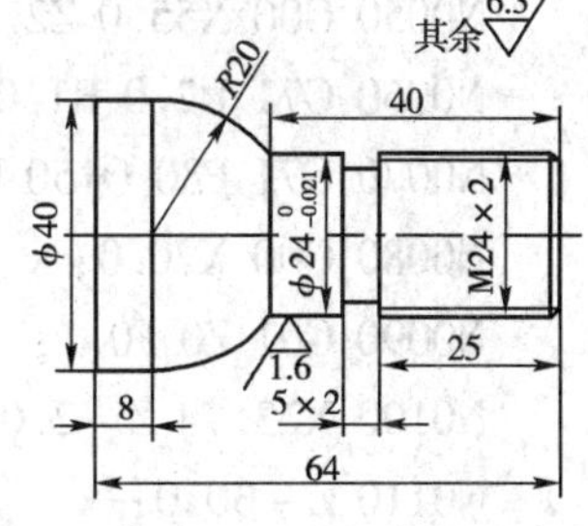

图2-60 螺纹综合加工实例(一)(尺寸单位:mm)

(1)平端面;

(2)外轮廓粗车;

(3)外轮廓精车;

(4)切退刀槽;

(5)螺纹车削。

3)相关计算

(1)加工外螺纹时外圆应该车到的尺寸为：

$$d = 24\text{mm} - 0.13 \times 2\text{mm} = 23.74\text{mm}$$

(2)车螺纹时螺纹小径应该车到的尺寸为：

$$d = 24\text{mm} - 1.08 \times 2\text{mm} = 21.84\text{mm}$$

4)刀具及切削参数

各工序刀具及切削参数选择见表 2-18。

刀具及切削参数表 表 2-18

序号	工序内容	刀具号	刀具规格		主轴转速	进给速度
			类　型	材　料	$n(\text{r}\cdot\text{min}^{-1})$	$f(\text{mm}\cdot\text{r}^{-1})$
1	端面车削	T01	90°外圆车刀具	硬质合金	500	0.1
2	外圆粗加工	T01	90°外圆车刀具		500	0.2
3	外圆精车	T02	90°外圆车刀具		1000	0.1
4	切退刀槽	T03	5mm 切槽刀		400	0.1
5	螺纹切削	T04	螺纹车刀		500	2

5)测量量具

选用分度值为 0.02mm 的卡尺。

2. 参考程序

1)选定工件坐标系和对刀点

在 *XOZ* 平面内确定工件右端面与工件中心线交点为工件原点，建立工件坐标系如图 2-60 所示。

2)程序清单

```
O4004
N0010 M03 S500 T0101;                          //调用 1 号刀具
N0020 G00 X55.0 Z0;
N0030 G01 X-1.0 F0.1;                          //车端面
N0040 Z2.0;
N0050 G00 X55.0 Z2.0;                          //设置循环起始点
N0060 G71 U2.0 R1.0;
N0070 G71 P80 Q150 U1.0 W0.5 F0.2;             //粗加工工件外轮廓
N0080 G00 X20.0;
N0090 G01 Z0 F0.1;
N0100 X23.74 Z-2.0;
N0110 Z-30.0;
N0120 X23.989;
N0130 Z-40.0;
N0140 G03 X40.0 Z-56.0 R20.0;
N0150 G01 Z-64.0;
N0160 G00 X100.0 Z60.0;
N0170 T0202 S1000;                             //调用 2 号刀具
N0180 G00 X55.0 Z2.0;
```

```
N0190 G70 P80 Q150;                        //精加工工件外轮廓
N0200 G00 X100.0 Z60.0;
N0210 T0303 S400;
N0220 G00 X28.0;
N0230 Z-30.0;
N0240 G01 X20.0 F0.1;                      //车螺纹退刀槽
N0250 X28.0;
N0260 G00 X100.0 Z60.0;
N0270 T0404 S500.0;                        //调用4号刀具
N0280 G00 X28.0 Z2.0;
N0290 G92 X23.0 Z-27.0 F2.0;               //车螺纹
N0300 G92 X22.5 Z-27.0 F2.0;
N0310 G92 X21.0 Z-27.0 F2.0;
N0320 G92 X21.84 Z-27.0 F2.0;
N0330 G00 X100.0 Z60.0;
N0340 M05;
N0350 M30;
```

(二)实例二

加工如图2-61所示的零件,毛坯为ϕ65mm×80mm的棒料,工件材料为45号钢。

1. 工艺分析

1)零件几何特点

零件加工面主要为端面、外圆面、圆柱孔圆锥孔和M36mm×1.5mm的螺纹孔,尺寸要求如图2-61所示。

2)加工顺序

工件右端留有1mm加工余量,加工部位主要是ϕ32mm的圆柱孔、圆锥孔和M20mm×1.5mm的螺纹孔。根据零件图样要求,可以选用CJK6140机床进行加工。加工顺序是:

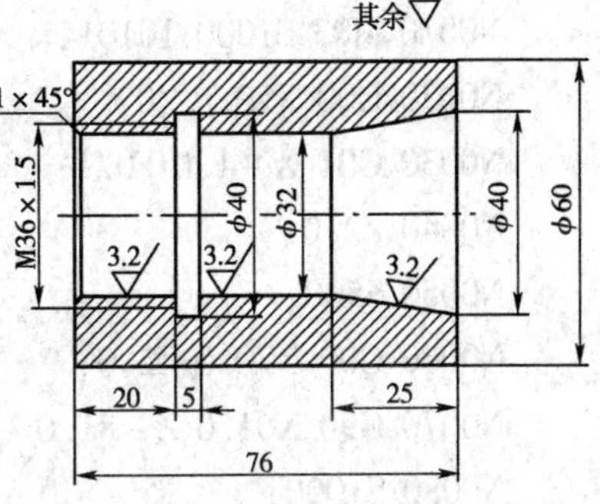

图2-61 螺纹综合加工实例(二)

(尺寸单位:mm)

(1)用三爪自定心卡盘装夹,平端面;

(2)用ϕ25mm麻花钻头钻通孔;

(3)用90°内孔镗刀粗车内轮廓表面,径向留0.8mm、轴向留0.6mm的精车余量;

(4)精车内轮廓表面;

(5)车螺纹退刀槽;

(6)车螺纹。

3)相关计算

(1)ϕ40mm孔内径取中间值ϕ40.02mm。

(2)螺纹小径尺寸为:

$$D_{小} = D_{公称} - 1.08P - (0.05 \sim 0.2) = 3.6 - 1.08 \times 1.5 - 0.05 = 34.375$$

(3)螺纹的内孔尺寸为:

$$D_1 = D_{小} + 0.13P = 34.375 + 0.13 \times 1.5 = 34.57\text{mm}$$

4)刀具及切削参数

各工序刀具及切削参数选择见表2-19。

刀具及切削参数表 表2-19

序号	工序内容	刀具号	刀具规格		主轴转速	进给速度
			类　型	材　料	$n(r\cdot min^{-1})$	$f(mm\cdot r^{-1})$
1	车右端面	T01	90°外圆车刀具	硬质合金	1000	0.1
2	粗精车外圆	T01	90°外圆车刀具		500	0.2
3	精车外圆	T01	90°外圆车刀具		1000	0.1
4	钻通孔	T02	ϕ25mm 麻花钻头		500	0.2
5	粗车内孔	T03	90°内孔镗刀		500	0.2
6	精车内孔	T03	90°内孔镗刀		1000	0.1

5)测量量具

选用分度值为0.02mm的卡尺。

2. 参考程序

1)选定工件坐标系和对刀点

在 *XOZ* 平面内确定工件右端面与工件中心线交点为工件原点,建立工件坐标系如图2-61所示。

2)程序清单

```
O40051
N0010 M03 S1000 T0101;                    //调用1号刀具
N0020 G00 X70.0 Z0;
N0030 G01 X-1.0 F0.1;                     //车右端面
N0040 Z2.0;
N0050 S500;
N0060 G00 X70.0 Z2.0;
N0070 G90 X61.0 Z-81.0 F0.2;
N0080 S1000;
N0090 X60.0 Z-81.0 F0.1;
N0100 G00 X100.0 Z60.0;
N0110 T0202 S500;
N0120 G00 Z2.0;
N0130 X0;
N0140 G01 Z-84.0 F0.1;
N0150 Z2.0;
N0160 G00 X100.0 Z60.0;
N0170 T0303 S500;
N0180 G00 Z2.0;
N0190 G00 X22.0 Z2.0;
N0200 G71 U2.0 R1.0;
```

```
N0210 G71 P220 Q250 U1.0 W0.5 F0.2;
N0220 G00 X40.0;
N0230 G01 Z0 F0.1;
N0240 X32.0 Z-25.0;
N0250 Z-76.0;
N0260 G70 P220 Q250;
N0270 G00 X100.0 Z60.0;
N0280 M30;
```

工件调头装夹后工艺内容有：车端面且保证工件的长度为76mm，孔口倒角，切螺纹退刀槽，车螺纹。各工序刀具及切削参数见表2-20。

刀具及切削参数表 表2-20

序号	工序内容	刀具号	刀具规格		主轴转速	进给速度
			类型	材料	$n(r\cdot min^{-1})$	$f(mm\cdot r^{-1})$
1	端面车削	T01	90°内孔车刀	硬质合金	1000	0.1
2	倒角	T01	90°内孔车刀		1000	0.1
3	车退刀槽	T02	宽度为5mm的切槽刀		500	0.1
4	车螺纹	T03	60°螺纹车刀		500	1.5

说明：工件外圆用手动方法车削，注意与前面已加工过的外圆面接好刀。

与该工艺相对应的数控程序如下：

```
O40052
N0010 M03 S1000 T0101;
N0020 G00 Z2.0;
N0030 X28.0;
N0040 Z-22.0;
N0050 G01 X34.57.0 F0.1;
N0055 Z-1.0;
N0060 G01 X36.57 Z0;
N0070 X62.0;
N0080 G00 X100.0 Z60.0;
N0090 T0202 S500;
N0100 G00 Z2.0;
N0110 X30.0;
N0120 Z-25.0;
N0130 G01 X40.0 F0.1;
N0140 X30.0;
N0150 G00 Z2.0;
N0160 G00 X100.0 Z60.0;
N0170 T0303 S500;
N0180 G00 X30.0 Z2.0;
N0190 G92 X35.2 Z-22.0 F1.5;
```

```
N0220 X35.5;
N0230 X35.9;
N0240 X36.0;
N0250 G00 X100.0 Z60.0;
N0260 M30;
```

思考与练习

1. 数控车削加工有哪些特点？

2. 数控车床编程有哪些特点？

3. 复合固定循环指令(G71、G72、G73)能否实现圆弧插补循环？各指令适合于加工哪类毛坯工件？

4. 数控车床的工件坐标系是怎样建立的？

5. 如何理解数控车削编程时的刀尖圆弧半径补偿的概念和作用？如何应用？

6. 编制如图 2-62 所示的轴类零件加工工艺及加工程序。

7. 编制如图 2-63 所示的盘(套)类零件的加工工艺及加工程序。

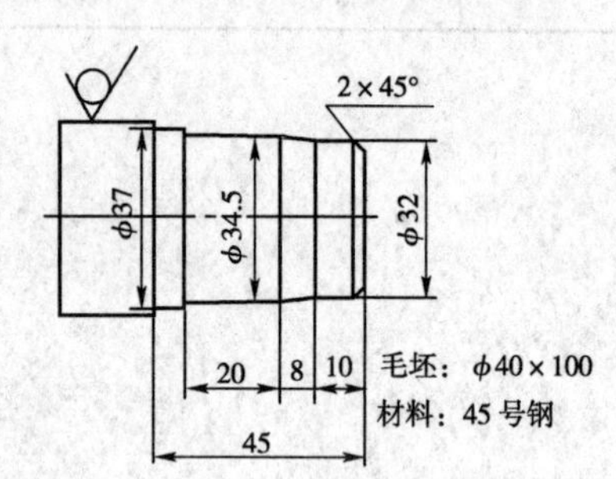

图 2-62　轴类零件加工图(尺寸单位：mm)

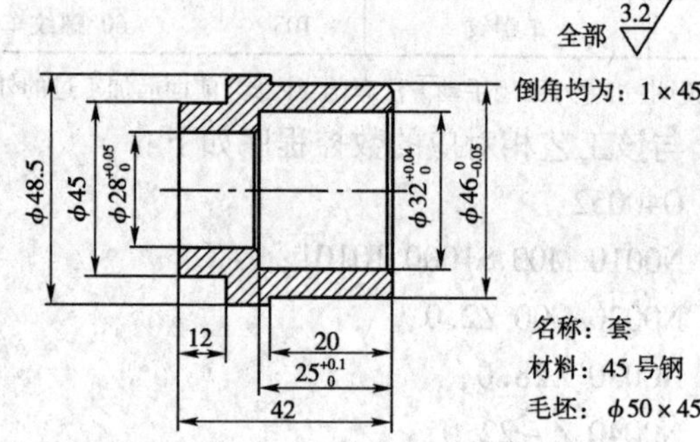

图 2-63　套类零件加工图(尺寸单位：mm)

8. 编制如图 2-64 所示的螺纹加工工艺及加工程序。

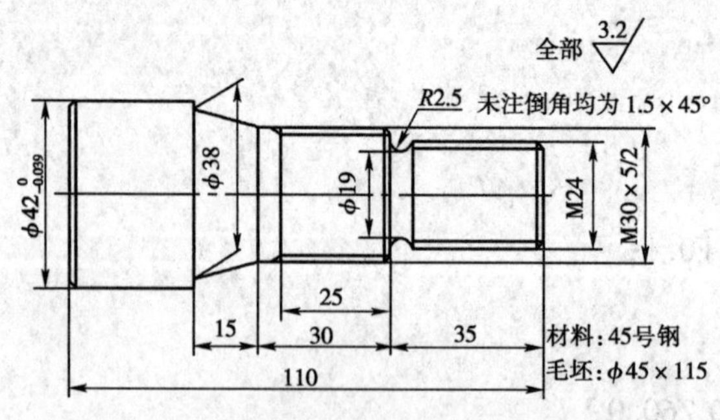

图 2-64　螺纹加工图(尺寸单位：mm)

9. 编制如图 2-65 所示的加工工艺及加工程序。

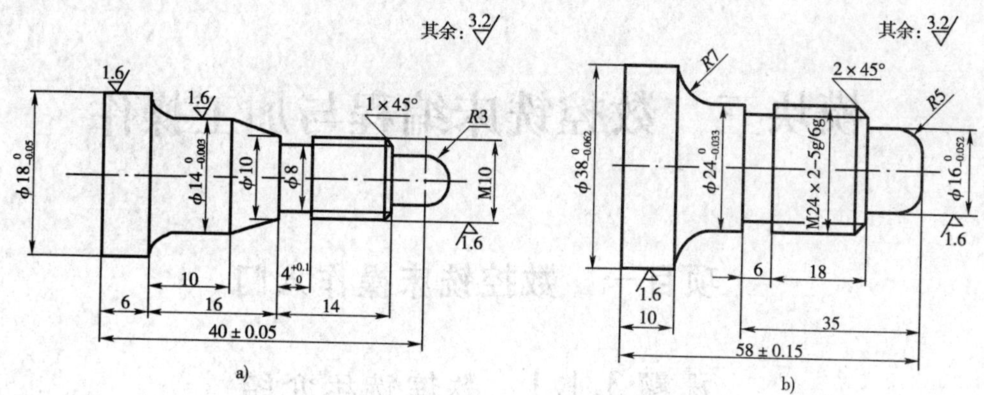

图 2-65　综合练习(尺寸单位:mm)

模块三　数控铣床编程与加工操作

项目一　数控铣床操作入门

课题 3.1.1　数控铣床介绍

数控铣床是机床设备中应用非常广泛的加工机床,它可以进行平面铣削、平面型腔铣削、外形轮廓铣削、三维及三维以上复杂型面铣削,还可进行钻削、镗削、螺纹切削等孔加工。加工中心、柔性制造单元等都是在数控铣床的基础上产生和发展起来的。

一、分类与结构特点

1. 按机床主轴的布置形式及机床的布局特点分类

按照机床主轴的布置形式及机床的布局特点,数控铣床可分为数控立式铣床、数控卧式铣床和数控龙门铣床等。

1)数控立式铣床

数控立式铣床如图 3-1 所示。

2)数控卧式铣床

数控卧式铣床如图 3-2 所示。

图 3-1　数控立式铣床

图 3-2　数控卧式铣床

3)数控龙门铣床

对于大尺寸的数控铣床,一般采用对称的双立柱结构,以保证机床的整体刚性和强度,如数控龙门铣床,有工作台移动和龙门架移动两种形式。它适用于加工飞机整体结构件零件、大型箱体零件和大型模具等,如图 3-3 所示。

2. 按数控系统的功能分类

数控铣床可分为经济型数控铣床、全功能数控铣床和高速铣削数控铣床等。

1)经济型数控铣床

经济型数控铣床的特点是价格便宜,功能针对性强。一般情况下,普通铣床改装成经济型铣床后可以提高工效1~4倍,同时能降低废品率,提高产品质量,减轻工人劳动强度。

2)全功能数控铣床

全功能数控铣床采用半闭环控制或闭环控制,数控系统功能丰富,一般可以实现4坐标以上联动,加工适应性强,应用最广泛。

3)高速铣削数控铣床

高速铣削是数控加工的一个发展方向,技术已经比较成熟,已逐渐得到广泛的应用。

图3-3　数控龙门铣床

二、数控铣床的组成与系统

XK5025型数控铣床是一种典型的数控铣床,由如下三大部分组成:机械部分、电气部分、数控部分。

1. 机械部分

机械部分包括床身、铣头部分、工作台、横向进给部件、升降台部分及冷却、润滑部分。

1)床身

内部布筋合理,具有良好的刚性,底座上设有4个调节螺栓,便于机床调整水平,冷却液储液池设在机床内部。

2)铣头部分

由变速箱和铣头两个部件组成。铣头主轴支承在高精度轴承上,保证主轴具有高回转精度和良好的刚性;主轴装有快速换刀螺母,前端锥孔采用ISO30号锥度。主轴采用机械无级变速,调节范围宽,传动平稳,操作方便。制动机构能使主轴迅速制动,节省辅助时间;制动时通过制动手柄撑开止动环使主轴立即制动。启动主电机时,应注意松开主轴制动手柄。铣头部件还装有伺服电机,内齿带轮、滚珠丝杆副及主轴套筒,它们形成垂直向(Z向)进传动链,使主轴作垂向直线运动。

3)工作台

工作台由床鞍支承在升降台较宽的水平导轨上,其纵向进给是由安装在工作台右端的伺服电机驱动的。通过内齿带轮带动精密滚珠丝杠副,从而使工作台获得纵向进给。工作台左端装有手轮和刻度盘,以便进给手动操作。床鞍的导轨面均采用TURCTTE—B贴塑面,提高了导轨的耐磨性,运动的平稳性和精度的保持性,消除了低速爬行现象。

4)横向进给部分

在升降台前方装有交流伺服电机,驱动床鞍作横向进给运动,其工作原理与工作台纵向进给相同。另外,在横向滚珠丝杠前端还装有进给手轮,可实现手动进给。

5)升降台

升降台左侧装有锁紧手柄,前端装有长手柄可带动锥齿轮及升降台丝杠旋转,从而获得升降台的升降运动。

6)冷却、润滑部分

冷却部分由冷却泵、出水管、回水管、开关及喷嘴等组成,冷却泵安装在机床底座的内腔里,将冷却液从底座内储液池送至出水管,再经喷嘴喷出,对切削区进行冷却。润滑部分利用手动润滑方式,由手动润滑油泵,通过分油器对主轴套筒,导轨及滚珠丝杠进行润滑,以提高机床的使用寿命。

2. 电气部分

电气部分分为强电与弱电二大块,强电控制主轴、冷泵,润滑。弱电控制伺服单元、进而控制伺服电机与编码器。该机床采用三相 380V 交流电源供电,空气开关控制机床总电源的通断。同时该空气开关的通断还受钥匙开关和开门断电开关的保护控制,从而使机床只有在钥匙打开和电器箱关闭的情况下才能通电。本机床用变频器控制主轴电机,主轴的转速由二部分控制组合而面,一部分是变频器对转速进行无级调速,另一部分为机械手柄和带轮有级调速。

3. 数控部分

XK5025 的数控部分采用 FAUNCOMD 系统,该系统在控制电路中采用了 32 位高速微处理器及大规模集成电路,半导体存储器,实现了高速度,高可靠性的要求。CNC 主板、电源板、输入/输出接口板全部安装在一块基板上,与机床的强电箱易于组合。系统内还配有强力 PMC,实现了机械加工的高速化及机床方面强电路的简化。在显示屏幕上可编辑和显示梯形图,以便于监视和维修。

课题 3.1.2　系统操作面板说明及各功能键的作用

一、键盘的说明

键盘功能说明见表 3-1。

键盘功能说明表　表 3-1

号码	名　称	用　途
(1)	复位(RESET)键	用于解除报警,CNC 复位
(2)	起动(START)键	MDI 运转的循环起动或自动运转的循环起动
(3)	地址/数字键	字母、数字等文字的输入
(4)	INPUT 键	按地址键或数值键后,地址或数值进入键输入缓冲器并显示在显示器上。若想将缓冲器的信息设置到偏置寄存器中,就应按 INPUT 键。此键与软键中的 INPUT 键功能相同,无论使用哪一个都可以
(5)	取消(CAN)键	消除键入缓冲器中的文字或符号。(例)键输入缓冲器显示 N0001 时,若按(CAN)键,N0001 就被消除
(6)	光标移动键	有两种光标移动键: ↓:用小区分单位移动光标时使用,使光标顺方向移动 ↑:用小区分单位移动光标时使用,使光标反主向移动
(7)	翻页键	有两种翻页键: PAGE ↓:顺方向翻显示器页面时使用 PAGE ↑:反方向翻显示器页面时使用
(8)	软键	软键按照用途可以有不同的功能: 软键能给出的功能,在显示器画面的最下方显示: 左端的软键◀:由软键输入各种功能时,为返回最初状态(按功能键时的状态)而使用 右端的软键▶:用于还未显示的功能

二、功能键

POS 键:用于当前位置的显示。

PROG 键:编辑方式时,进行存储器内程序的编辑、显示;MDI 方式时,进行 MDI 数据的输入、显示,自动运转中进行指令值的显示等。

OFFSET SETTING 键:用于偏置量的设定与显示。

PARAM DGNOS 键:用于参数设定,显示及诊断数据的显示。

OPR/ALARM 键:显示报警号。

说明:按任何一个功能按钮和 CAN 键,画面的显示就会消失。之后再按其中一个功能键,画面会再一次显示。长时间接通电源而不使用装置时,请预先清除画面,以防止画面质量下降。

课题 3.1.3 数控铣床的操作

一、设定数控铣床的机床坐标系

数控铣床的机床坐标系的确定方法与数控车床相似,但数控铣床有 X、Y、Z 三轴。通过回机械零点来确认机床坐标系。开机后,通过回零,使工作台回到机床原点(或参考点,该点为与机床原点有一固定距离的点)。数控铣床的回零(回参考点)步骤为:开关置于"回零"位置。按手动轴进给方向键 +X、+Y、+Z 至回零指示灯亮。设定机床机械原点同编程中的 G54 指令直接有关。

二、设定数控铣床的工件坐标系

工件坐标系是编程时使用的坐标系,又称编程坐标系,该坐标系是人为设定的。建立工件坐标系是数控铣床加工前的必不可少的步骤。数控铣床通过对刀来建立工件坐标系。数控铣床的对刀主要采用两种方法:

1. 随机对刀法

随机对刀法适用于多品种,小批量产品,它采用 G92 指令对刀,用 G92 指令设定起刀点与编程原点的坐标关系,从而建立了工件坐标系。

2. 固定对刀法

固定对刀法适用于单品种、大批量产品,该法采用 G54 指令对刀,用 G54 指令设定数控铣床编程原点机械原点的坐标关系(需从面板上输入相关数据),从而建立了工件坐标系。G54 值可用 G59 指令取消。

三、程序录入、编辑及存储

1. 程序录入及存储

(1)选择编辑方式;

(2)按 PROG 键;

(3)键入地址"O××××";

(4)按 INSERT 键,进入该程序的编辑画面;

(5)键入 EOB 分段;

(6)输入其他内容。

2. 修改已有的程序

(1)选择编辑方式;

(2)按 PROG 键;

(3)按地址“O××××”;

(4)按“↓”键,则显示被检索的程序;

(5)将光标移到程序某处,即可修改被检索的程序。

3. 删除存储器中的程序

(1)选择编辑方式;

(2)按 PROG 键;

(3)按地址“O××××”;

(4)键入程序号;

(5)按 DELETE 键,即可删除程序号所指定的程序。

四、对刀

1. 概念

把刀具的“刀位点”移到“起刀点”的过程叫对刀。

2. 对刀方法

根据现有条件和加工精度要求选择的对刀方法有试切法、寻边器对刀、机内对刀仪对刀、自动对刀等。其中试切法对刀精度较低,加工中常用寻边器和 Z 向设定器对刀,效率高,能保证对刀精度。

3. 对刀工具

常用的对刀工具有:

(1)寻边器(图 3-4);

(2)Z 轴设定器(图 3-5)。

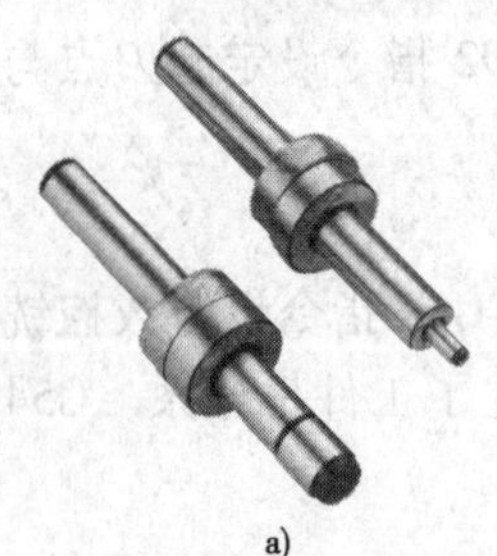

a)

b)

图 3-4　寻边器

a)

b)

图 3-5　Z 轴设定器

a)偏心式寻边器;b)光电式寻边器

4. 利用试切法对刀的步骤如下:

(1)选择工作方式为“手动”(JOG)。

(2)按 POS 键,使屏幕显示为相对坐标。

(3)手动向左移动刀具,让刀具侧面与工件左侧的中部轻碰,按 X 键,使之闪烁,按 CAN 键,使屏幕显示 X = 0。

(4)抬起刀具，并且向右移动刀具，使刀具与工件右侧面的中部轻碰，记下此时 X 向的相对坐标值，记为 x_2。根据坐标公式：

$$X_{中点} = \frac{x_2}{2}$$

把方式选择开关调到“MDI”位置，输入指令 G92 X0，按“循环起动”键。

(5)同理可求得工件在 Y 轴方向的中点坐标。

(6)先抬起刀具，然后让铣刀下降与工件表面轻碰。

(7)把方式选择开关调到“MDI”位置。

(8)输入指令 G90 G00 Z100，按“循环起动”键，再输入指令 G92 Z100，再按循环起动键。则刀具可到达起刀点，对刀完成。

5. 刀具半径的设定

输入步骤：

(1)按 OFFSET SETTING 功能键，按软“刀补”键，进入了刀具半径设置画面。

(2)找到需要设定半径量的刀具号行，使光标移向该行的“形状(D)”列位置上。

(3)输入刀具半径值，按 INPUT 功能键。

五、同编程有关的操作方法(以 FANUC 系统为例)

1. 程序的调用

(1)选择编辑方式，按 PROG 键。

(2)键入地址 O 及要检索的程序号。

(3)按“↓”键，此时在屏幕画面的右上方，显示已检索的程序号。

2. 程序的编写

(1)选择编辑方式，按 PROG 键。

(2)输入新程序名，如 0001，按 INSERT 键。换行则输入 EOB 键并按 INSERT 键。此时自动显示语句号字。

(3)输入程序段，换行。

(4)修改已输入程序，光标用“↓”“↑”键移至欲修改处，输入新内容，按 ALTER 键即可。

(5)程序结束后，用 RESET 键复位，检查后即可运行。

3. 程序的删除

(1)删除整个程序，在标记方式，按 PROG 键，假如程序名，按 DELETE 键即可。

(2)删除已输入的程序语句，按 DELETE 键。

(3)删除未输入的程序语句，按 CAN 键。

4. 程序的运行

(1)正常运转，按“循环启动”键，铣床自动运转。

(2)按“进给保持”按钮，可使用自动运转暂时停止。

(3)按“跳步”键，程序中有斜线“/”的程序段将不执行。

(4)按“单段”键，机车处于单段运行状态，每按一下“循环启动”按钮，只执行一段程序段。

(5)按“空运行”键，此时机车在空运行状态下快速运行。

(6)按“锁定”键，机车停止移动，但位置坐标的现示和机车移动时一样，M、S、T 功能也有效。该键主要用于程序的检测。

(7)按“选择停”键,执行含有 M01 的程序段后,自动运转停止。

(8)按“急停”键,机车移动会瞬间停止。

(9)用“进给速度修调”开关,可选择程序指定的进给速度的百分数,按照刻度可实现 0 ~ 150% 的倍率修调。

5. 程序的传输

(1)数控铣床与微机可通过 RS232 接口进行传输。

(2)传输前数控铣床必须先做好准备。即在编辑方式中按 PRGRM 键,输入程序名,按 INPUT 键,屏幕右下角出现闪动的“标头 SK”字样。

(3)本书采用 Qmodem 软件,其运行步骤为:

打开 Qmodem 后,按 ALT + P 键,选择参数,按 ALT + K 键选择接口,按 Page UP 键选择系统,最后输入待传程序的文件名和路径,即可传输。

课题 3.1.4 文明安全生产

数控操作者应该养成文明生产的良好工作习惯和严谨的工作作风,具有良好的职业素质、责任心,严格遵守以下数控机床安全操作规程:

一、安全操作基本注意事项

1. 开机前注意事项

(1)工作时必须穿好工作服、安全鞋,戴好工作帽及防护镜等,不允许戴手套操作机床;

(2)不要移动或损坏安装在机床上的警示标牌;

(3)注意不要在机床周围放置障碍物,工作空间应足够大;

(4)某一项工作如需要两人或多人共同完成时,应注意相互间的协调一致;

(5)不允许采用压缩空气清洗机床、电气柜及 NC 单元。

2. 铣床开机和关机注意事项

1)开机

合上机床总电源开关。(在操作面板上讲授)电源开关打到“ON”位置时根据机床厂家说明书的要求接通电源按 ON,确认屏幕上显示的内容,确认驱动器风扇是否正常转动。

注意:

接通电源的同时,请不要按面板上的键。

在显示器显示以前,不要按数控控制面板的键。因为此时面板键还用于维修和特殊操作,有可能会引起意外。

2)关机

手动操纵机床,使工作台和主轴箱停在中间适当位置,先按下操作面板上的紧急停止按钮,再依次关掉操作面板电源、机床总电源、外部电源。

3. 机床的暂停和急停注意事项

(1)按下暂停键后,机床呈下列状态:

①机床在移动时,进给减速停止;

②在执行暂停中,休止暂停;

③执行 M、S、T 的动作后,停止;按自动循环启动键后,程序继续执行。

(2)按下急停按钮,机床就立刻被锁住,电机的电源被切断,在解除之前,要消除机床异常的因素。旋转按钮后解除。

二、工作前的准备工作

(1)机床工作开始工作前要有预热,认真检查润滑系统工作是否正常,如机床长时间未开动,可先采用手动方式向各部分供油润滑。

(2)使用的刀具应与机床允许的规格相符,有严重破损的刀具要及时更换。

(3)不要将调整刀具所用工具遗忘在机床内。

(4)刀具安装好后应进行一、二次试切削。

(5)检查夹具夹紧工件的状态。

三、工作过程中的安全注意事项

(1)机床在正常运行时不允许打开电气柜的门。

(2)加工程序必须经过严格检验方可进行操作运行。

(3)手动对刀时,应注意选择合适的进给速度;手动换刀时,主轴距工件要有足够的换刀距离不至于发生碰撞。

(4)加工过程中,如出现异常现象,可按下“急停”按钮,以确保人身和设备的安全。

(5)如果机床发生事故,操作者要注意保留现场,并向指导老师如实说明情况。

(6)未经许可操作者不得随意动用其他设备。不得任意更改数控系统内部制造厂设定的参数。

(7)禁止用手接触刀尖和铁屑,铁屑必须要用铁钩子或毛刷来清理。

(8)禁止用手或其他任何方式接触正在旋转的主轴、工件或其他运动部位。

(9)禁止加工过程中测量工件、变速,更不能用棉纱擦拭工件清扫机床。

(10)机床运转中,操作者不得离开岗位,如机床发生异常现象,应立即停车。

(11)经常检查轴承温度,温度过高时应找有关人员进行检查。

(12)在加工过程中,不允许打开机床防护门。

(13)严格遵守岗位责任制,机床由专人使用,他人使用须经本人同意。

四、工作完成后的注意事项

(1)清除切屑、擦拭机床,使机床与环境保持清洁状态。

(2)检查润滑油、冷却液的状态,及时添加或更换。

(3)依次关掉机床操作面板上的电源和总电源。

(4)经常润滑机床导轨,做好机床的清洁和保养工作。

项目二　基本形状加工

课题 3.2.1　平面零件的加工

一、编程知识

有时被加工零件上有多个形状和尺寸都相同的部位,若按通常的方法编程,会有一定量的连续程序段在几处完全重复地出现,为了简化程序应将这些重复的程序段单独挑出来按一定格式做成子程序,程序中子程序以外的部分称为主程序。

在主程序中,调用子程序的指令是一个程序段其格式如下:

格式:M98 P＿＿＿ L＿＿＿ ;

说明:

P 后面为子程序号;L 后面为调用重复次数。

M98:子程序调用字。

M99:子程序返回到主程序。

注意:

(1)子程序可以被多次重复调用,而且有些数控系统中可以进行子程序的“多重嵌套”。

(2)调用 1 次时,L 可以省略。

(3)子程序中,如果控制系统在读到 M99 以前读到 M02 或者 M30,则程序停止。

二、加工实例

加工如图 3-6 所示的零件,毛坯为 100mm × 100mm × 22mm 板材,工件材料为 45 号钢,四面已加工。

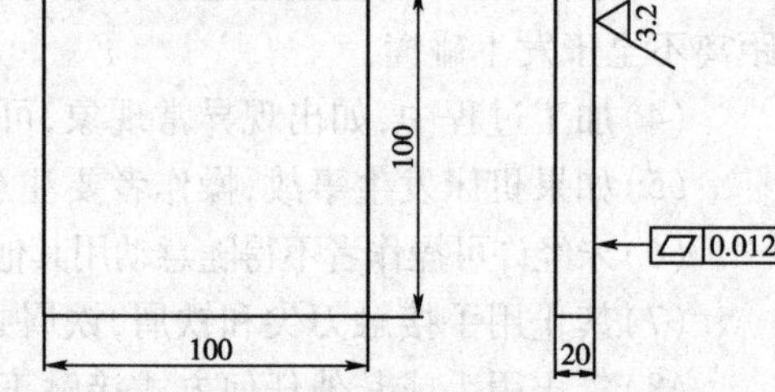

图 3-6 平面零件加工实例(尺寸单位:mm)

1. 工艺分析

1)零件几何特点

该零件毛坯的外轮廓为方形,零件为简单的水平面加工,表面粗糙度为 3.2μm,注意平面度的要求。

2)加工工序

根据零件图样要求,其加工工序为:

(1)以底面为定位基准,两侧用机用平口钳夹紧,固定于铣床工作台上。

(2)采用立铣刀,安装到机床主轴上。

(3)采用子程序,按直线循环铣削轮廓。

(4)确定工件坐标系和对刀点。

在 *XOY* 平面内确定以 *O* 点为工件原点,*Z* 方向以工件上表面为工件原点,建立工件坐标系。采用手动对刀方法把 *O* 点作为对刀点。

2. ϕ16mm 铣刀(面铣)程序清单

```
%
O1000
N50 G01 G91 X-120;
N60 Y10;
N70 X120;
N80 Y10
N80 M99;
%

%
O2000
N10 G90 G40 S600 M03;
```

```
N20 G00 Z10;
N30 G01 X120 Y0 F200;
N40 G01 Z-1 F100;
N50 M98 P1000 L5;
N60 G00 Z50 G90;
N70 M05;
N80 M30;
%
```

课题 3.2.2 轮廓加工

一、编程知识

1. G02、G03 指令

G02 用于顺时针圆弧插补；

G03 用于逆时针圆弧插补。

1) *X-Y* 平面(如图 3-7a)的格式

G17 { G02 / G03 } X __ Y __ { (I __ J __) / R __ } F __ ;

2) *X-Z* 平面(如图 3-7b)的格式

G18 { G02 / G03 } X __ Z __ { (I __ K __) / R __ } F __ ;

3) *Y-Z* 平面(如图 3-7c)的格式

G19 { G02 / G03 } Y __ Z __ { (J __ K __) / R __ } F __ ;

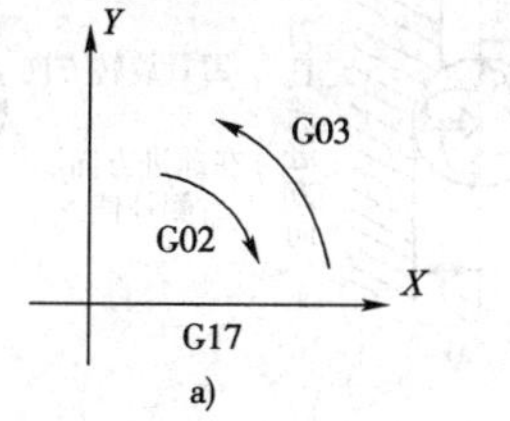

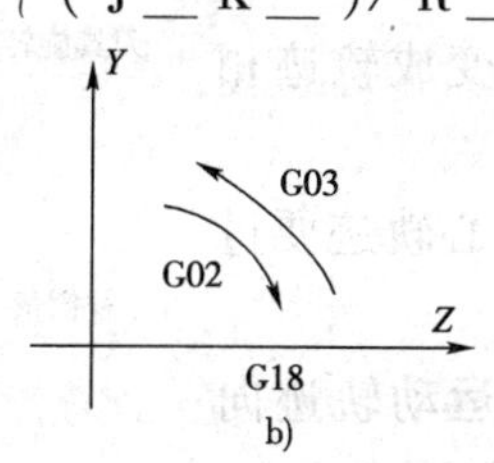

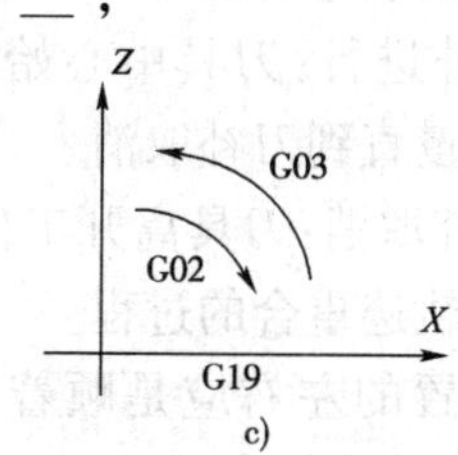

图 3-7 顺逆圆弧方向的判断

a) *X-Y* 平面；b) *Y-Z* 平面；c) *X-Z* 平面

2. 圆弧插补指令格式说明

(1) X、Y、Z 值是当前工件坐标系中终点位置的坐标值(绝对编程)；

(2) X、Y、Z 值是从起点到终点的距离(有方向的)(增量编程)；

(3) I、J、K 分别表示 *X*、*Y*、*Z* 轴从起点到圆心的距离(有方向的)；

(4) 当圆弧圆心角小于 180°时，R 为正值，当圆弧圆心角大于 180°时，R 为负值；

(5) 整圆编程时不可以使用 R，只能用 I、J、K；

(6) F 为编程的两个轴的合成进给速度。

3. 刀具半径补偿 G41、G42、G40 指令

(1) G41 刀径半径左补偿，G42 刀径半径右补偿，G40 为取消刀补。

(2) 在进行刀径补偿前，必须用 G17 或 G18、G19 指定刀径补偿是在哪个平面上进行。平面选择的切换必须在补偿取消的方式下进行，否则将产生报警。

(3) 刀补的引入和取消要求必须在 G00 或 G01 程序段，不应在 G02/G03 程序段上进行。

其格式为：

{G00/G01} {G41/G42} X __ Y __ D __；

{G00/G01} G40 X __ Y __；

(4)当刀补数据为负值时，则 G41、G42 功效互换。

(5)G41、G42 指令不要重复规定，否则会产生一种特殊的补偿。

(6)G40、G41、G42 都是模态代码，可相互注销。

(7)在刀具半径补偿开始的程序段中，补偿值从零均匀变化到给定的值，同样的情况出现在刀具半径补偿被取消的程序段中，即补偿值从给定值均匀变化到零，所以在这两个程序段中，刀具不应接触到工件。

(8) D 为刀补号地址，用 D00 ~ D99 来指定，它用来调用内存中刀具半径补偿的数值。

4. 刀具半径补偿

1)刀具半径补偿的目的

在数控铣床上进行轮廓加工时，由于刀具半径的存在，刀具中心轨迹与轮廓不重合。如果数控系统不具备半径补偿功能，则只能按刀心轨迹进行编程，即在编程时给出刀具中心运动轨迹，其计算相当复杂，尤其当刀具磨损、重磨或换新刀而使刀具直径变化时，必须重新计算刀心轨迹，修改程序，这样即繁琐，又不易保证加工精度。当数控系具备刀具半径补偿功能时，数控编程只需按工件轮廓进行，数控系统会自动计算刀心轨迹，使刀具偏离工件一个半径值，即进行刀具半径补偿。

2)刀具半径补偿的过程

(1)刀补的建立：在刀具从起点接近工件时，刀心轨迹从与编程轨迹重合过渡到与编程轨迹偏离一个偏置量的过程。

(2)刀补进行：刀具中心始终与变成轨迹相距一个偏置量直到刀补取消。

(3)刀补取消：刀具离开工件，刀心轨迹要过渡到与编程轨迹重合的过程。

刀补位置的左右应是顺着刀具运动轨迹向前看，刀具在工件的左边为左刀补(如图 3-8a)，刀具在工件的右边为右刀补(如图 3-8b)。

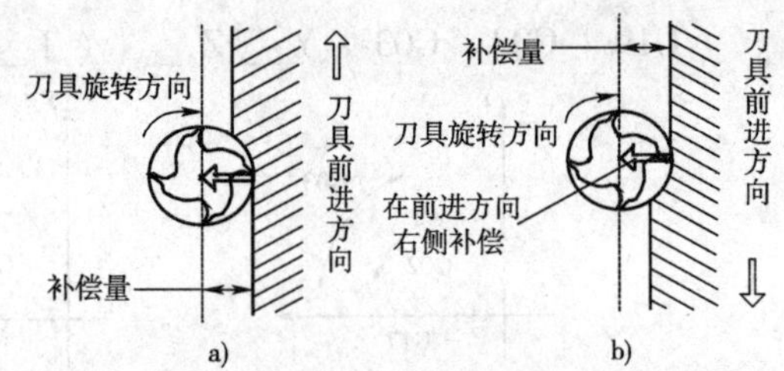

图 3-8 刀具补偿方向

a)左刀补；b)右刀补

二、加工实例

加工如图 3-9 所示的零件，工件材料为 45 号钢，编制矩形的内轮廓，圆的外轮廓数控加工程序，要求使用刀补，铣刀直径 10mm，一次下刀 8mm。

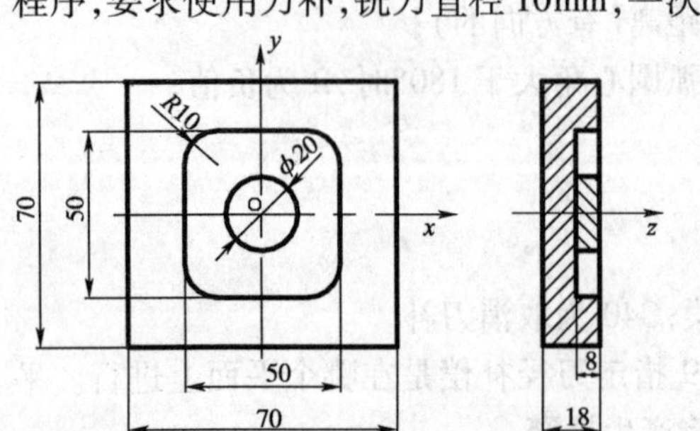

图 3-9 轮廓零件加工实例(尺寸单位：mm)

1. 工艺分析

1)确定工艺路线

根据图纸要求按先主后次的加工原则确定如下工艺路线：

(1)下刀；

(2)加工矩形的内轮廓；

(3)加工圆的外轮廓，提刀。

2)选择刀具，对刀，确定工件原点

根据加工要求需选用1把键槽铣刀,直径10mm,刀补在面板上输入。用随机对刀法确定工件原点。

3)确定切削用量

主轴转速:1000r/min;进给速度:150mm/min。

2. 程序清单

```
N10 G92 X0 Y0 Z40;              //确定工件原点,此时工件原点在刀位点下方40mm处
N20 M03 S1000;                  //主轴正转
N30 G00 X-50 Y-50;              //快移至刀补起点
N40 G42G01 X-25 Y0 D01 F150;    //建立右刀补并至起刀点
N50 G01 Z-8;                    //下刀
N60 Y15;                        //开始加工内轮廓
N70 G02 X-15 Y25 R10;
N80 G01 X15;
N90 G02 X25 Y15 R10;
N100 G01 Y-15;
N110 G02 X15 Y-25 R10;
N120 G01 X-15;
N130 G02 X-25 Y-15 R10;
N140 G01 Y0;                    //内轮廓加工结束,定位至外轮廓加工过渡圆起点
N150 G02 X-10 Y0 R7.5;          //走外轮廓加工过渡圆,使外轮廓进刀时圆滑过渡
N160 G03 I10;                   //加工外轮廓
N170 G02 X-25 Y0 R7.5;          //走外轮廓加工过渡圆,使外轮廓退刀时圆滑过渡
N180 G01 Z20;                   //抬刀
N190 G40G00 X0Y0 D01;           //取消刀补并回工件原点
N200 M30;                       //程序结束
```

课题3.2.3 槽类加工

一、编程知识

数控程序坐标值有两种输入方式:绝对坐标输入方式和增量坐标输入方式。绝对坐标输入方式使用G90指令;增量坐标输入方式则使用G91指令。

1. 指令格式

格式:G90 G01 X__ Y__ Z__;

G91 G01 X__ Y__ Z__;

2. 指令功能

它们用于设定坐标输入方式。

说明:

(1)G90指令建立绝对坐标输入方式,移动指令目标点的坐标值X、Y、Z表示刀具离开工件坐标系原点的距离;

(2)G91指令建立增量坐标输入方式,移动指令目标点的坐标值X、Y、Z表示刀具离开当

前点的坐标增量。

例 3-1 如图 3-10 所示，刀具从 A 点快速移动至 C 点，使用绝对坐标与增量坐标方式编程。

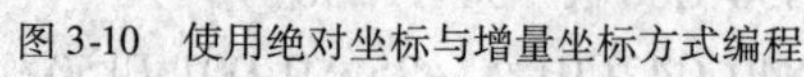

图 3-10 使用绝对坐标与增量坐标方式编程

增量方式编程为：

```
G92 X0 Y0 Z0;
G91 G00 X15 Y-40;
G92 X0 Y0;
G00 X20 Y10;
X40 Y20;
```

绝对坐标编程为：

```
G92 X0 Y0 Z0;          //设工件坐标系原点，换刀点 O 与机床坐标系原点重合；
G90 G00 X15 Y-40;      //刀具快速移动至 Op 点；
G92 X0 Y0;             //重新设定工件坐标系，换刀点 Op 与工件坐标系原点重合；
G00 X20 Y10;           //刀具快速移动至 A 点定位；
X60 Y30;               //刀具从始点 A 快移至终点 C。
```

二、加工实例

加工如图 3-11 所示的零件，毛坯为 100mm × 100mm × 15mm 板材，外轮廓已精加工，要求铣削 4 个槽，工件材料为 45 号钢。

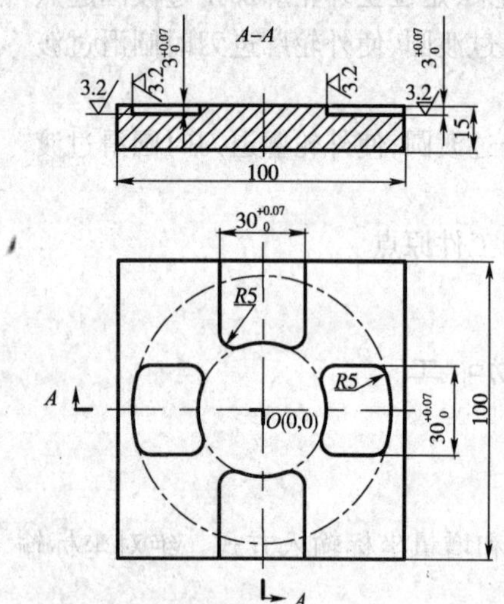

图 3-11 槽类零件加工实例（尺寸单位：mm）

1. 工艺分析

1）零件几何特点

该零件是对称的封闭槽、开放槽组成，其几何形状为平面二维图形，零件的外轮廓为方形，型腔尺寸精度为未注公差取公差中等级 ±0.1，表面粗糙度为 3.2μm，需采用粗、精加工，注意位置度要求。

2）加工工序

（1）根据零件图样要求（如图 3-11），选用 XK5032 数控铣床进行加工。

（2）以底面为定位基准，用精密平口钳夹紧，夹紧前应校正平口钳与机床平行，固定于铣床工作台面；

（3）选用 $\phi8$ 的立铣刀，用刀柄夹紧刀具安装在机床主轴上；

（4）建立刀补，按零件图样外形采用逆铣，下刀点选择在工件外，沿切线方向切入铣削曲面；精加工采用顺铣方式，加工余量为 0.6mm（具体见程序清单）。

（5）确定刀具参数。

2. 程序清单

铣开口槽（ϕ8mm 立铣刀）

```
%
O1000
N10 G90 G01 M03 S500 Z20 F200;
```

```
N20 X-10 Y-75;
N30 Z-3 F100;
N40 Y-29;
N50 X-5;
N60 Y-50;
N70 X0;
N80 Y-29;
N90 X5;
N100 Y-50;
N110 X10;
N120 Y-29;
N130 Y-75;
N140 G41 Y-60 X15 D01;
N150 Y-25.617;
N160 G03 X8.182 Y-20.96 R5;
N170 G02 X-8.812 Y-20.96 R22.5;
N180 G03 X-15 Y-25.617 R5;
N190 G01 Y-60;
N200 Z20;
N210 G40 Y70;
N220 M05;
N230 M30;
%
```

铣封闭槽（ϕ8mm 立铣刀）

```
%
O2000
N10 G90 G01 M03 S500 Z20 F200;
N20 X35 Y10;
N30 G01 Z0.5 F80;
N40 Y-10 Z0;
N50 Y10 Z-0.5;
N60 Y-10 Z-1;
N70 Y10 Z-1.5;
N80 Y-10 Z-2;
N90 Y10 Z-2.5;
N100 Y-10 Z-3;
N110 Y10;
N120 Y-10 X30;
N121 Y10;
```

```
N122 X40;
N123 Y-10;
N130 G41 X43.571 Y11.250;
N140 G03 X38.730 Y15 R5;
N150 G01 X25.617 Y15;
N160 G03 X20.96 Y8.812 R5;
N170 G02 Y-8.812 R22.5;
N180 G03 X25.617 Y15 R5;
N190 G01 X38.730;
N200 G03 X43.571 Y-11.250 R5;
N210 G03 Y11.25 R45;
N215 G03 X43.571 Y11.250;
N220 G01 X40;
N225 G03 X35 Y6.25 R5;
N230 Z20;
N240 G00 X-35 Y10;
N250 M05;
N260 M30;
%
```

课题 3.2.4 孔类加工

一、编程知识

孔加工固定循环指令 G81 包括如下几种：

1. 普通钻削循环指令 G81

该指令动作如图 3-12 所示。

格式:G81 X __ Y __ Z __ R __ F __ K __;

说明:

X、Y:孔的坐标位置;

Z:从 R 点到孔底的距离;

R:从初始位置到 R 点位置的距离;

F:切削进给速度;

K:重复次数(如果需要的话)。

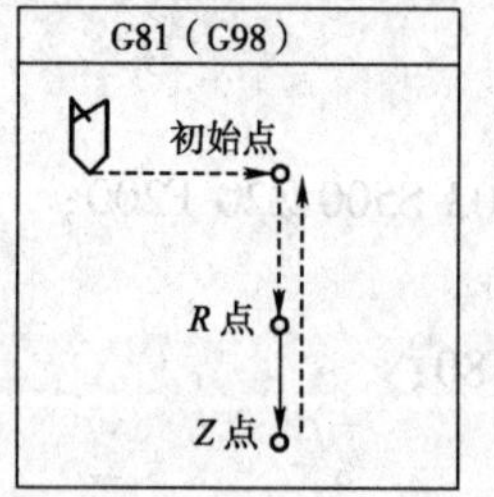

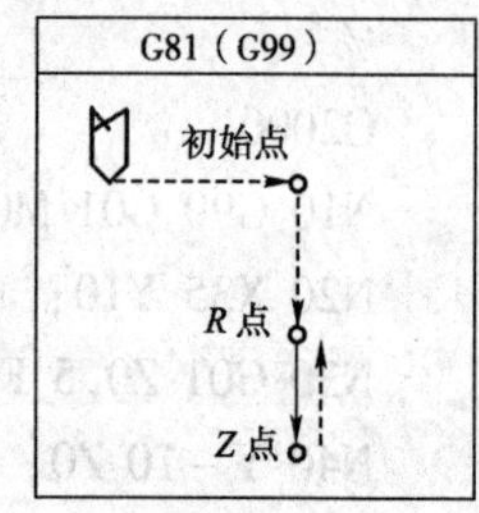

图 3-12 G81 钻削循环动作

G81 是最简单的固定循环,其执行过程为:X、Y 定位,Z 轴快进到 R 点,以 F 速度进给到 Z 点,快速返回初始点(G98)或 R 点(G99),没有孔底动作。

2. 钻削循环与粗镗削循环指令 G82

该指令动作如图 3-13 所示。

格式:G82 X __ Y __ Z __ R __ P __ F __ K __ ;

说明:

X、Y :孔的坐标位置;

Z：从 R 点到孔底的距离；

R：从初始位置到 R 点位置的距离；

P：孔底暂停时间(单位为 s)；

F：切削进给速度；

K：重复次数(如果需要的话)。

G82 在孔底有一个暂停的动作，除此之外和 G81 完全相同。孔底的暂停可以提高孔深的精度，常用于做沉头台阶孔。

3. 深孔钻削循环指令 G83

该指令动作如图 3-14 所示。

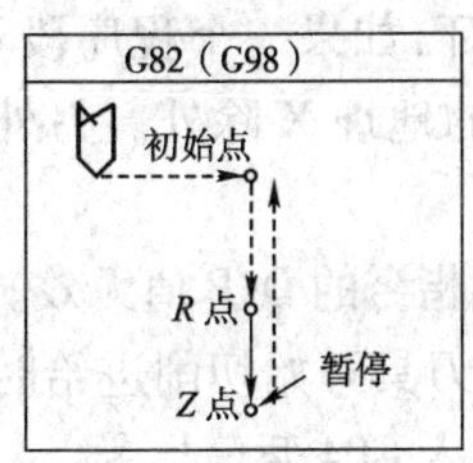

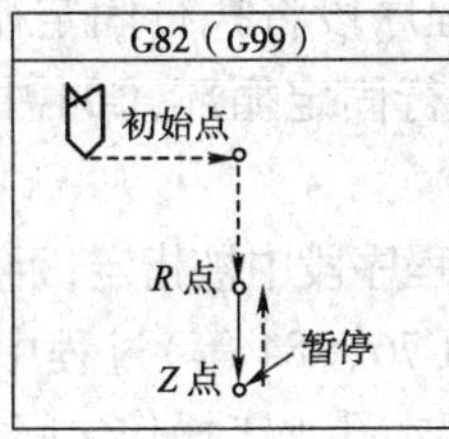

图 3-13　G82 钻削循环动作

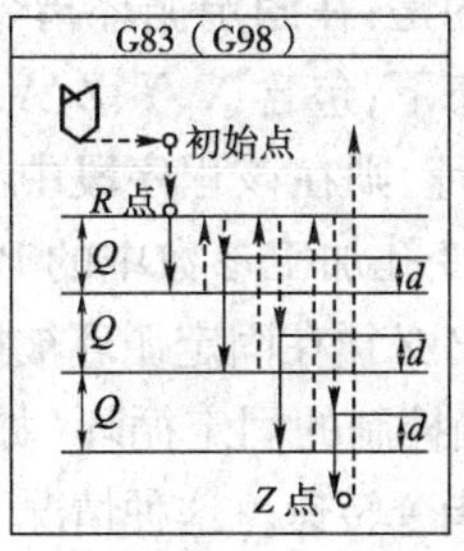

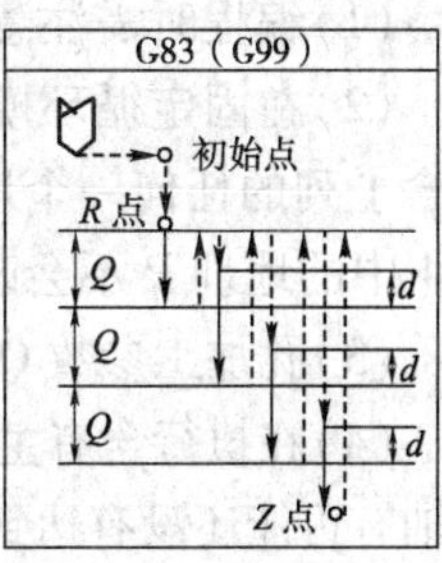

图 3-14　G83 深孔钻削循环动作

格式：G83 X＿ Y＿ Z＿ R＿ Q＿ F＿ K＿；

说明：

X、Y：孔的坐标位置；

Z：从 R 点到孔底的距离；

R：从初始位置到 R 点位置的距离；

Q：每次进给的切削深度；

F：切削进给速度；

K：重复次数(如果需要的话)。

G83 从 R 点到 Z 点的进给分段完成，每段进给完成后，Z 轴返回的是 R 点，然后以快速进给速率运动到距离下一段进给起点上方 d 的位置开始下一段进给运动。每段进给的距离由孔加工参数 Q 给定，Q 始终为正值。

4. 镗削循环指令 G85

该指令动作如图 3-15 所示。

格式：G85 X＿ Y＿ Z＿ R＿ F＿ K＿；

说明：

X、Y：孔的坐标位置；

Z：从 R 点到孔底的距离；

R：从初始位置到 R 点位置的距离；

F：切削进给速度；

K：重复次数(如果需要的话)；

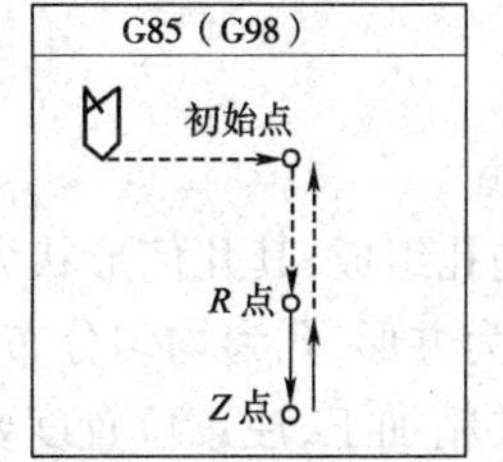

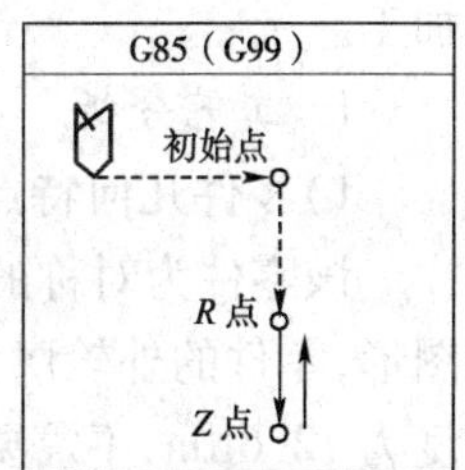

图 3-15　G85 镗削循环动作

G85 的执行过程为：X、Y 定位，Z 轴快速到 R 点，以 F 给定的速度进给到 Z 点，以该给定速度返回 R 点。如果在 G98 模态下，返回 R 点后再快速返回初始点。

5. G80、G98/G99 指令

1) G80 指令

G80 指令被执行以后,固定循环(G73、G74、G76、G81 ~ G89)被该指令取消,R 点和 Z 点的参数以及除 F 外的所有孔加工参数均被取消。另外 G00/G01/G02/G03/G60 代码也会起到同样的作用。

2) G98/G99 指令

G98/G99 决定固定循环在孔加工完成后返回 R 点还是起始点。在 G98 模态下,孔加工完成后 Z 轴返回起始点;在 G99 模态下则返回 R 点。

6. 使用孔加工固定循环的注意事项

(1)编程时需注意的是:在固定循环指令之前,必须先使用 S 和 M 代码指令主轴旋转。

(2)在固定循环模态下,包含 X、Y、Z、A、R 的程序段将执行固定循环,如果一个程序段不包含上列的任何一个地址,则在该程序段中将不执行固定循环,G04 中的地址 X 除外。另外,G04 中的地址 P 不会改变孔加工参数中的 P 值。

(3)孔加工参数 Q、P 必须在固定循环被执行的程序段中被指定,否则指令的 Q、P 值无效。

(4)在执行含有主轴控制的固定循环(如 G74、G76、G84 等)过程中,刀具开始切削进给时,主轴有可能还没有达到指令转速。这种情况下,需要在孔加工操作之间加入 G04 暂停指令。

(5) G00/G01/G02/G03/G60 代码也起到取消固定循环的作用,所以请不要将固定循环指令和这些 G 代码写在同一程序段中(01 组 G 代码:G00\G01\G02\G03\G60)。

(6)如果执行固定循环的程序段中指令了一个 M 代码,M 代码将在固定循环执行定位时被同时执行,M 指令执行完毕的信号在 Z 轴返回 R 点或初始点后被发出。使用 K 参数指令重复执行固定循环时,同一程序段中的 M 代码在首次执行固定循环时被执行。

(7)在固定循环模态下,刀具偏置指令 G45 ~ G48 将被忽略(不执行)。

(8)单程序段开关置上位时,固定循环执行完 X、Y 轴定位、快速进给到 R 点及从孔底返回(到 R 点或到初始点)后,都会停止。也就是说需要按循环起动按钮 3 次才能完成一个孔的加工。3 次停止中,前面的两次是处于进给保持状态,后面的一次是处于停止状态。

(9)重复次数 K 不是一个模态的值,它只在需要重复的时候给出。进给速率 F 则是一个模态的值,即使固定循环取消后它仍然会保持。

二、加工实例

加工如图 3-16 所示的零件,毛坯为 100mm × 100mm × 20mm 板材,工件材料为 45 号钢,外形已加工。

1. 工艺分析

1)零件几何特点

该零件为对称的孔组成,其几何形状为平面二维图形,零件的外轮廓为方形,孔为均匀分布,表面粗糙度为 12.6μm,不需要精加工,注意位置度要求。

2)零件加工工序

根据零件图样要求其加工工序为:

(1)以底面为定位基准,用精密平口钳夹紧,夹

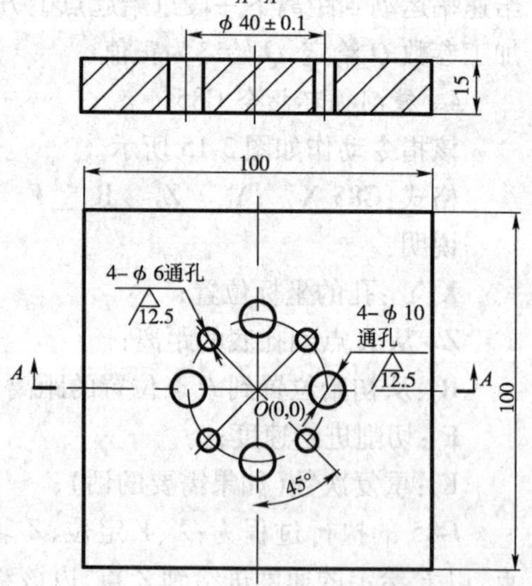

图 3-16 孔类零件加工实例(尺寸单位:mm)

紧前应校正平口钳与机床平行,固定于铣床工作台面。

(2)点孔加工,选用 ϕ3mm 中心钻。可用孔钻循环指令 G81。

(3)钻孔加工,选用 ϕ6mm 直柄麻花钻加工小孔、用 ϕ10mm 直柄麻花钻加工大孔,可用高速深孔钻循环指令 G83。

(4)切削用量的具体数值应根据该机床性能、相关的手册并结合实际经验确定,详见加工程序。

3)刀具及切削参数

各工序刀具及切削参数选择见表 3-2。

刀具及切削参数表 表 3-2

序号	加工面	刀具号	刀具规格		主轴转速	进给速度
			类型	材料	$n(r \cdot min^{-1})$	$V(mm \cdot min^{-1})$
1	点孔加工	T01	ϕ3mm 中心钻	高速钢	1200	100
2	钻小孔加工	T02	ϕ6mm 直柄麻花钻		800	50
3	钻大孔加工	T03	ϕ10mm 直柄麻花钻		800	50

2. 参考程序

1)确定工件坐标系和对刀点

在 XOY 平面内确定以 O 点为工件原点,Z 方向以工件上表面为原点,建立工件坐标系。

2)程序清单

ϕ3mm 中心钻(定位)

```
%
O123
N10 G01 G49 G40 G90 Z30 S1000 M3 F200;
N20 X-14.142 Y14.142;
N30 G99 G81 Z-2 R20 F60;
N40 X-20 Y0;
N50 X-14.142 Y-14.142;
N60 X0 Y-20;
N70 X14.142 Y-14.142;
N80 X20 Y0;
N90 X14.142 Y14.142;
N100 X0 Y20;
N110 G80;
N120 M5;
N130 M30;
%
```

ϕ6mm 钻头(钻小孔)

```
%
O1000
N10 G01 G49 G40 G90 Z30 S400 M3 F200;
```

```
N20 X -14.142 Y14.142;
N30 G99 G83 Z -20 R30 Q8 F80;
N40 X -20 Y0;
N50 X -14.142 Y -14.142;
N60 X0 Y -20;
N70 X14.142 Y -14.142;
N80 X20 Y0;
N90 X14.142 Y14.142;
N100 X0 Y20;
N110 G80;
N120 M5;
N130 M30;
%
```

ϕ10mm 钻头(钻大孔)

```
%
O2000
N10 G0 G49 G40 Z30 S400 M3;
N20 X0 Y20;
N30 G99 G83 Z -20 R30 Q8 F100;
N40 X20 Y0;
N50 X0 Y -20;
N60 X -20 Y0;
N70 G80;
N80 M5;
N90 M30;
%
```

项目三　组合零件加工

课题 3.3.1　平面、轮廓、槽加工

一、编程知识

为了简化零件的数控加工编程,使数控程序与刀具形状和刀具尺寸尽量无关,CNC 系统一般都具有刀具长度和刀具半径补偿功能。前者可使刀具垂直于走刀平面(如 *XOY* 平面,由 G17 指定)偏移一个刀具长度修正值;后者可使刀具中心轨迹在走刀平面内偏移零件轮廓一个刀具半径修正值,两者均是对二坐标数控加工情况下的刀具补偿。

1. 刀具长度补偿的目的

使用刀具长度补偿功能,可以在当实际使用刀具与编程时估计的刀具长度有出入时,或刀

具磨损后刀具长度变短时，不需重新改动程序或重新进行对刀调整，只需改变刀具数据库中刀具长度补偿量即可。利用该功能，还可在加工深度方向上进行分层铣削，即通过改变刀具长度补偿值的大小，通过多次运行程序而实现。

2. 刀具长度补偿指令 G49、G43、G44

格式：$\begin{Bmatrix} G43 \\ G44 \end{Bmatrix} \begin{Bmatrix} G00 \\ G01 \end{Bmatrix}$ Z__ H__；

G49 $\begin{Bmatrix} G00 \\ G01 \end{Bmatrix}$ Z__；

说明：

(1)其中 Z 为指令终点位置，H 为刀补号地址，用 H00 ~ H99 来指定，它用来调用内存中刀具长度补偿的数值。

(2)G43、G44、G49 均为模态指令，可相互注销。

(3)执行 G43 时，Z 实际值 = Z 指令值 + (Hxx)

执行 G44 时，Z 实际值 = Z 指令值 - (Hxx)

其中(Hxx)是指 xx 寄存器中的补偿量，其值可以是正值或者是负值。当刀长补偿量取负值时，G43 和 G44 的功效将互换。

3. 示意图

刀具长度补偿如图 3-17 所示。

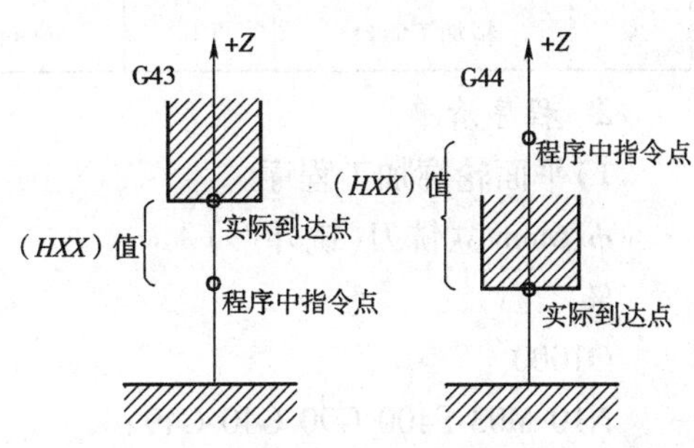

图 3-17 刀具长度补偿

二、加工实例

加工如图 3-18 所示的零件，毛坯为 100mm × 100mm × 20mm 板材，工件材料为 45 号钢，外形已加工。

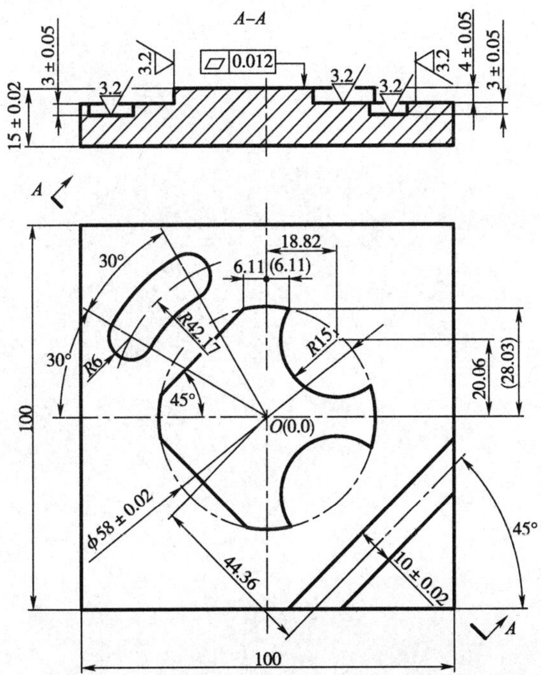

图 3-18 平面、轮廓、槽组合零件加工实例(尺寸单位：mm)

1. 工艺分析

1)零件几何特点

该零件由平面、轮廓、槽组成，其几何形状为平面二维图形，零件的外轮廓为方形，型腔尺寸精度为未注公差取公差中等级 ±0.1，表面粗糙度为 3.2μm，需采用粗、精加工。注意位置度要求。

2)加工工序

根据零件图样(如图 3-18)要求其加工工序为：

(1)铣外轮廓时，刀具沿零件轮廓切向切入，切向切入可以是直线切向切入，也可以是圆弧切向切入；在铣削凹槽一类的封闭轮廓时，其切入和切出不允许有外延，铣刀要沿零件轮廓的法线切入和切出。

(2)刀具直径 16（铣外型）圆弧槽的铣削采用刀具直径为 8 的平铣刀，刀具直径为

8mm 立铣刀(斜槽加工)。

3)刀具及切削参数

各工序刀具及切削参数选择见表 3-3。

刀具及切削参数表 表 3-3

序号	加工面	刀具号	刀具规格		主轴转速 $n(r \cdot min^{-1})$	进给速度 $V(mm \cdot min^{-1})$
			类　型	材　料		
1	粗加工外型	T01	ϕ16mm 三刃立铣刀	高速钢	550	120
2	精加工外型	T01	ϕ16mm 三刃立铣刀		800	100
3	粗加工斜槽	T02	ϕ8mm 三刃立铣刀		550	120
4	精加工斜槽	T02	ϕ8mm 三刃立铣刀		800	100

2. 程序清单

1)平面轮廓加工程序

ϕ16mm 立铣刀(铣外形)

```
%
O1000
N10 M03 S400 G90 G40 G49;
N20 G01 Z30 F100;
N30 X70 Y0 F300;
N40 Z-4 F100;
N50 G42 D01 X29 F100;
N60 G03 X29 Y0I-29 J0;
N90 G01 X70 Y0;
N100 X27.326 Y9.709;
N110 G02 X5.278 Y28.516 R15;
N120 G03 X-10.763 Y26.929;
N130 G01 X-26.929 Y10.763;
N140 G03 X-26.929 Y-10.763 R29;
N150 G01 X-10.763 Y-26.929;
N160 G03 X5.278 Y-28.516 R29;
N170 G02 X27.326 Y-9.709 R15;
N180 G03 Y9.709 R29;
N190 G01 Z30;
N200 M05;
N210 M30;
%
```

2)圆弧槽的铣削

ϕ8mm 立铣刀

```
%
```

```
O2000
N10 M03 S500;
N20 G90 G01 Z30 F100;
N30 X-21 Y36.373 F300;
N40 Z0.5 F100;
N50 X-36.373 Y21 Z0;
N60 X-21 Y36.373 Z-0.5;
N70 X-36.373 Y21 Z-1;
N80 X-21 Y36.373 Z-1.5;
N90 X-36.373 Y21 Z-2;
N100 X-21 Y36.373 Z-2.5;
N110 X-36.373 Y21 Z-3;
N120 X-21 Y36.373 Z-3;
N130 G42 D01 X-36.373 Y21;
N140 G01 X41.569 Y24;
N150 G03 X-31.177 Y18 R-6;
N160 G02 X-18 Y31 R36;
N170 G03 X-24 Y41.569 R6;
N180 X-41.56 Y24 R48;
N190 X-36.373 Y21 R20;
N200 G01 Z30;
N210 G40 X50;
N220 M05;
N230 M30;
%
```

ϕ10mm 立铣刀（斜槽加工）

```
%
O3000
N10 M03 S500;
N20 G90 G01 Z30 F100;
N30 X70 Y-12.24;
N40 Z-4;
N50 X50;
N60 G42 D01 Y-19.343;
N70 X19.618 Y-50;
N80 X5.539;
N90 X50 Y-5.137;
N100 Z30;
N110 G40 X70 Y0;
```

N120 M05;

N130 M30;

%

课题3.3.2　平面、槽、孔类加工

加工如图3-19所示的零件，毛坯为100mm×100mm×15mm板材，工件材料为45号钢，外形已加工。

1．工艺分析

1）零件几何特点

该零件由左右对称的型腔、孔组成，其几何形状为平面二维图形，零件的外轮廓为方形，型腔尺寸精度为未注公差取公差中等级±0.1，表面粗糙度为3.2μm，需采用粗、精加工。孔的为均匀分布，表面粗糙度为3.2μm，注意位置度要求。

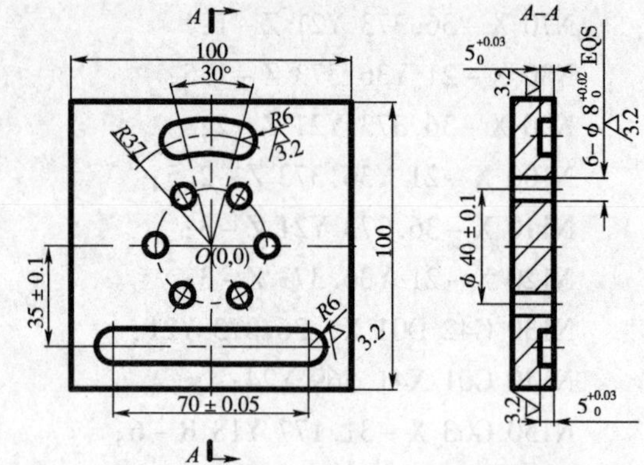

图3-19　平面、槽、孔类组合零件加工实例（尺寸单位：mm）

2）加工工序

根据零件图样（如图3-18）要求其加工工序为：

（1）粗加工两个凹型腔，选用ϕ10mm三刃立铣刀，其切入和切出安排在型腔中部。精加工两个凹型腔，采用改变刀具半径值补偿值的方法加工。

（2）点孔加工，选用ϕ3mm中心钻。

（3）钻孔加工，选用ϕ7.6mm直柄麻花钻，可用高速深孔钻循环指令G83。

（4）铰孔加工，选用ϕ8mmH9机用铰刀，可用高速深孔钻循环指令G81。

3）刀具及切削参数

各工序刀具及切削参数选择见表3-4。

刀具及切削参数表　　　　表3-4

序号	加工面	刀具号	刀具规格		主轴转速	进给速度
			类　型	材　料	n(r·min^{-1})	V(mm·min^{-1})
1	粗加工两凹形腔	T01	ϕ10mm三刃立铣刀	高速钢	550	120
2	精加工两凹形腔	T01	ϕ10mm三刃立铣刀		800	100
3	点孔加工	T02	ϕ3mm中心钻		1200	120
4	钻孔加工	T03	ϕ7.6mm直柄麻花钻		500	80
5	铰孔加工	T04	ϕ8mmH9机用铰刀		300	50

2．程序清单

ϕ8mm铣刀（铣槽）

%

O1000

N10 G90 G40 G49 M03 S400;

```
N20 G00 Z30;
N30 X5 Y37;
N40 G01 Z0.5 F100;
N50 X -5 Z0;
N60 X5 Z -0.5;
N70 X -5 Z -1;
N80 X5 Z -1.5;
N90 X -5 Z -2;
N100 X5 Z -2.5;
N110 X -5 Z -3;
N120 X5 Z -3.5;
N130 X -5 Z -4;
N140 X5 Z -4.5;
N150 X -5 Z -5;
N160 X5 Z -5;
N170 G42 X11.129 Y41.535 D01;
N180 G02 X8.020 Y29.930 R6;
N190 G03 X -8.020 Y29.930 R31;
N200 G02 X -11.129 Y41.535 R6;
N210 X11.129 Y41.535 R43;
N220 G01 X9 Y37;
N230 Z30;
N240 X0 Y0 G40;
N250 X -35 Y -31;
N260 G01 Z0.5 F100;
N270 X0 Z0;
N280 X -35 Z -0.5;
N290 X0 Z -1;
N300 X -35 Z -1.5;
N310 X0 Z -2;
N320 X -35 Z -2.5;
N330 X0 Z -3;
N340 X -35 Z -3.5;
N350 X0 Z -4;
N360 X -35 Z -4.5;
N370 X0 Z -5;
N380 X -35 Z -5;
N390 X35 Z -5;
N400 X0 Y -41 G41 D01;
N410 X -35;
```

```
N420 G02 X-35 Y-29 R6;
N430 G01 X35;
N440 G02 X35 Y-41 R6;
N450 G01 Z30;
N460 G00 X0 Y0 G40;
N470 M05;
N480 M30;
%
```

ϕ3mm 中心钻（钻孔）

```
%
O1100
N10 G00 Z30 S1000 M03 G90;
N20 X-10 Y17.321;
N30 G99 G81 Z-20 R30 F80;
N40 X10;
N50 X20 Y0;
N60 X10 Y-17.321;
N70 X-10;
N80 X-20 Y0;
N90 G80;
N100 M05;
N110 M30;
%
```

ϕ10mm 钻头（钻孔）

```
%
O2000
N10 G00 Z30 S350 M03;
N20 X-10 Y17.321;
N30 G99 G83 Z-20 R30 Q2 F80;
N40 X10;
N50 X20 Y0;
N60 X10 Y-17.321;
N70 X-10;
N80 X-20 Y0;
N90 G80;
N100 M05;
N110 M30;
%
```

课题 3.3.3　镜像组合零件加工

一、编程知识

当工件相对于某一轴具有对称形状时，可以利用镜像功能和子程序，只对工件的一部分进行编程，就能加工出工件的对称部分，这就是镜像功能。

1. 沿各轴以不同的比例放大或缩小(镜像)指令

格式：G51 X __ Y __ Z __ I __ J __ K __ ；

G50；

2. 可编程镜像指令

格式：G51.1 X __ Y __ Z __ ；

M98 P __ ；

G50.1 X __ Y __ Z __ ；

G51 X __ Y __ Z __ I __ J __ K __ ；

说明：

(1) X、Y、Z 为比例缩放中心坐标值的绝对值指令，I、J、K 为 *X*、*Y* 和 *Z* 各轴对应的缩放比例；各轴用不同的比例缩放当指定负比例时形成镜像。

(2) 小数点编程不能用于指定比例 I 、J 、K，需在单独的程序段内指定 G51，在图形放大或缩小之后，指定 G50 以取消缩放方式。

(3) 各轴的比例 I、J、K 的最小输入增量单位是 0.001 或 0.00001。

(4) 即使对圆弧插补的各轴指定不同的缩放比例刀具也不画出椭圆轨迹。

(5) 比例缩放对刀具半径补偿值、刀具长度补偿值和刀具偏置值无效。

(6) 在缩放状态下，指令返回参考点的 G 代码 G27 ~ G30 等和指令坐标系的 G 代码G52 ~ G59 G92 等这些 G 代码指令应在取消缩放功能后指定。

二、加工实例

加工如图 3-20 所示的零件，毛坯为100mm × 100mm × 15mm 板材，工件材料为 45 号钢，外形已加工。

1. 工艺分析

1) 零件几何特点

该零件为对称件，采用镜像指令编程；其几何形状为平面二维图形，零件的外轮廓为方形，表面粗糙度为 1.6μm，需采用粗、精加工，其余的表面粗糙度均为 3.2μm；注意位置度要求。

2) 加工工序

根据零件图样(如图 3-20)要求其加工工序为：

粗加工 4 个凸台，选用 ϕ12mm 三刃立铣刀。其切入和切出安排在型腔中部。精加工 4

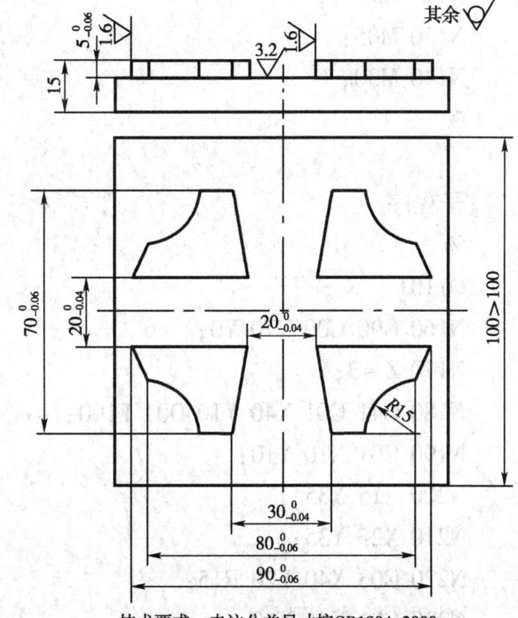

图 3-20　镜像组合零件加工实例(尺寸单位：mm)

个凸台,采用改变刀具半径值补偿值的方法加工。

3)刀具及切削参数

各工序刀具及切削参数选择见表3-5。

刀具及切削参数表 表3-5

序号	加工面	刀具号	刀具规格		主轴转速	进给速度
			类型	材料	$n(r \cdot min^{-1})$	$V(mm \cdot min^{-1})$
1	粗加工四个凸台	T01	ϕ12mm 三刃立铣刀	高速钢	550	120
2	精加工四个凸台	T01	ϕ12mm 三刃立铣刀		800	100

2. 程序清单

ϕ12mm 三刃立铣刀

```
%
O1100;
N10 M03 S600;
N20 G90 G00 Z20;
N30 M98 P1101;
N40 G51.1 X0;
N50 M98 P1101;
N60 G50.1;
N70 G51.1 Y0;
N80 M98 P1101;
N90 G50.1;
N100 G51.1 X0 Y0;
N110 M98 P1101;
N120 G50.1;
N130 M05;
N140 M30;
%
```

子程序

```
%
O1101
N160 G90 G00 X70 Y0;
N170 Z-3;
N180 G41 G01 X40 Y10 D01 F100;
N190 G01 X10 Y10;
N200 X15 Y35;
N210 X25 Y35;
N220 G03 X40 Y20 R15;
N230 G01 X45 Y10;
N240 X50 Y5;
```

```
N250 G40 X70 Y0;
N260 G00 Z20;
N270 M99;
%
```

课题 3.3.4　旋转组合零件加工

一、编程知识

坐标系旋转指令(G68、G69)可使编程图形按照指定旋转中心及旋转方向旋转一定的角度。

编程指令格式:

G17 G68 X __ Y __ Z __ P __ ;

M98 P __;

G69

其中:

G68:建立旋转坐标系;

G69:取消旋转;

X、Y、Z:旋转中心的坐标值,缺省为工件原点;可以是 X、Y、Z 中的任意两个,它们由当前平面选择指令 G17、G18、G19 中的一个确定。

P:旋转角度(°),0°≤P≤360°。

二、加工实例

加工如图 3-21 所示的零件,毛坯为 100mm×100mm×15mm 板材,工件材料为 45 号钢,外形已加工。

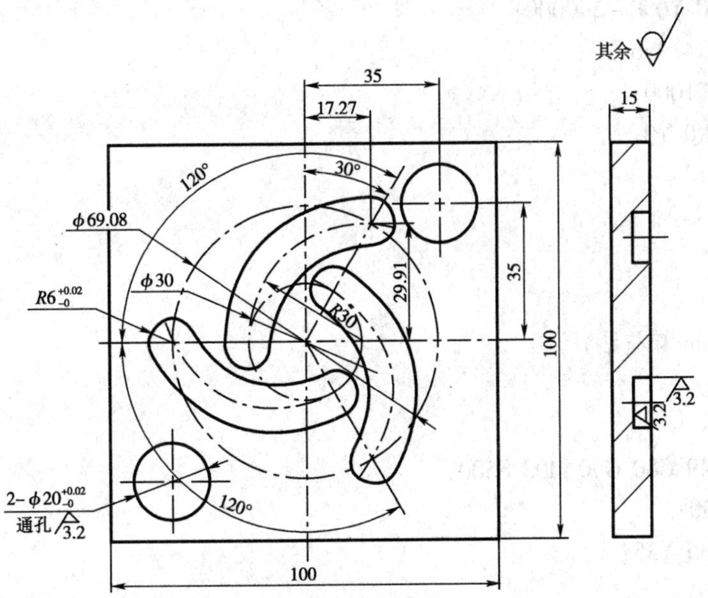

图 3-21　旋转组合零件加工实例(尺寸单位:mm)

1. 工艺分析

1)零件几何特点

该零件为旋转类件,采用旋转指令编程;每段弧槽圆心都不在工件中心,但可认为是以中心旋转120°而成的平面二维图形,零件的外轮廓为方形。

2)加工工序

根据零件图样要求其加工工序为:

(1)加工三段凹弧槽,选用ϕ12mm三刃立铣刀。其起刀点为工件中心位置处,采用螺旋式下刀,利用子程序和旋转编程指令加工,其旋转中心为工件坐标系圆点。

(2)2-ϕ20mm通孔采用ϕ20mm麻花钻直接钻削加工。

3)刀具及切削参数

各工序刀具及切削参数选择见表3-6。

刀具及切削参数表

表3-6

序号	加工面	刀具号	刀具规格		主轴转速	进给速度
			类型	材料	$n(\mathrm{r \cdot min^{-1}})$	$V(\mathrm{mm \cdot min^{-1}})$
1	加工三段凹弧槽	T01	ϕ12mm三刃立铣刀	高速钢	550	80
2	钻削加工2-ϕ20通孔	T02	ϕ20mm麻花钻	T12A	500	100

2. 程序清单

```
%（φ12mm平刀）
O2000
N10 M03 S500 G40 G90 G49 G80;
N20 G00 Z30;
N30 G00 X34.956 Y0;
N40 M98 P1000;
N50 G68 X0 Y0 R-120000;
N60 G00 X34.956 Y0;
N70 M98 P1000;
N80 G68 X0 Y0 P-240000;
N90 G00 X34.956 Y0;
N100 M98 P1000;
N105 G69 X0 Y0;
N110 M05;
N120 M30;
%
```

钻孔(ϕ20mm麻花钻)

```
%
O3000
N10 G40 G49 G80 G90 M03 S500;
N20 G00 Z30;
N30 G00 X35 Y35;
N40 G01 Z10;
N50 G81 X35 Y35 Z-18 R10 Q3 P4 F60;
N60 X-35 Y-35;
N70 G80;
```

```
N80 M05;
N90 M30;
%

%(子程序)
O1000
N10 G01 Z0.5;
N20 G91 G02 X35.45 Y30.28 Z-0.5 R35;
N30 G03 X-35.45 Y-30.28 Z-1 R35;
N40 G02 X35.45 Y30.28 Z-1.5 R35;
N50 G03 X-35.45 Y-30.28 Z-2 R35;
N60 G02 X35.45 Y30.28 Z-2.5 R35;
N70 G03 X-35.45 Y-30.28 Z-3 R35;
N80 G02 X35.45 Y30.28 R35;
N90 G01 Z30;
N100 M99;
%
```

项目四 数控铣床综合零件加工

课题 3.4.1 综合零件加工(一)

加工如图 3-22 所示的零件，毛坯为 75mm×75mm×30mm 板材，工件材料为 45 号钢，外形已加工。

1. 工艺分析

1)零件几何特点

该零件由方凸台、梅花形腔、阶梯孔、4 个均布孔组成，其几何形状为平面二维图形，方凸台、梅花形腔、阶梯孔精度等级均在 IT7 ~ IT8，表面粗糙度为 1.6μm。

2)加工工序

凸台、梅花形腔采用粗、精铣加工。阶梯孔先钻、后镗孔，达到加工要求，通孔钻后再铰。

根据零件图样要求其加工工序为：

(1)粗加工凸台外形，选用 ϕ12 立铣刀。精加工采用改变刀具半径补偿值的方法加工。

(2)点孔加工 4-ϕ8mm 及 ϕ18mm，选用 ϕ3mm 中心钻。

(3)钻 4-ϕ8mm。

(4)钻孔加工，选用 ϕ17.9mm 麻花钻，可用

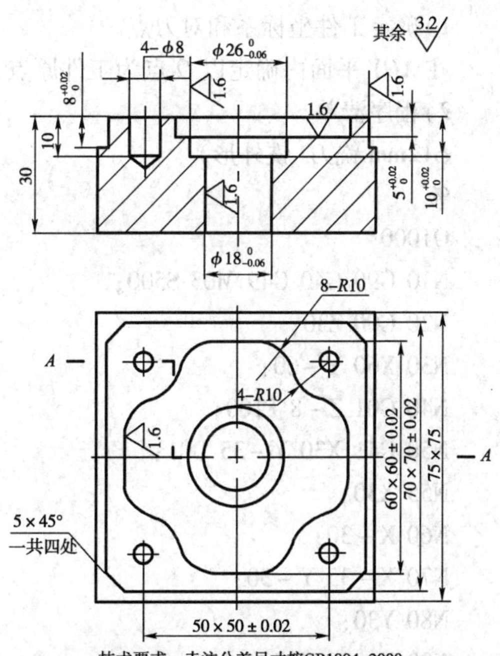

图 3-22 综合零件加工实例(一)(尺寸单位：mm)

高速深孔钻循环指令 G83。

(5)梅花形腔，选用 $\phi10$ 三刃立铣刀，其闭式型腔切入和切出安排在型腔中部。精加工采用改变刀具半径值补偿值的方法加工。

(6)镗阶梯孔，达到精度要求。

(7)铰孔加工，选用 $\phi10$mmH9 机用铰刀，可用高速深孔钻循环指令 G85。

3)刀具及切削参数

各工序刀具及切削参数选择见表 3-7。

刀具及切削参数表 表 3-7

序号	加工面	刀具号	刀具规格		主轴转速	进给速度
			类 型	材 料	$n(r\cdot min^{-1})$	$V(mm\cdot min^{-1})$
1	粗加工凸台	T01	$\phi12$mm 三刃立铣刀	硬质合金	500	120
2	精加工凸台	T01	$\phi12$mm 三刃立铣刀		700	80
3	粗加工梅花型腔	T03	$\phi10$mm 三刃立铣刀	高速钢	500	120
4	精加工凹型腔	T03	$\phi10$mm 三刃立铣刀		800	80
5	点孔加工	T04	$\phi3$mm 中心钻		1200	120
6	钻孔加工	T05	$\phi8$mm 直柄麻花钻		800	50
7	钻孔加工	T06	$\phi17.9$mm 麻花钻		800	50
8	镗孔加工	T07	$\phi26$mm 孔		500	30
9	铰孔加工	T08	$\phi18$mmH9 机用铰刀		300	30

2. 参考程序

1)确定工件坐标系和对刀点

在 *XOY* 平面内确定以 *O* 点为工件原点，*Z* 方向以工件上表面为原点，建立工件坐标系。

2)程序清单

$\phi12$mm 铣刀(铣外形)

```
%
O1000
N10 G90 G40 G49 M03 S500;
N20 G00 Z30;
N30 X60 Y-60;
N40 G01 Z-8 F100;
N50 G41 X30 Y-35 D01;
N55 X30;
N60 X-30;
N70 X-35 Y-30;
N80 Y30;
N90 X-30 Y35;
N100 X30;
```

```
N110 X35 Y30;
N120 Y -30;
N130 X20 Y -45;
N140 G00 Z30;
N150 G40 X70 Y -35;
N160 M05;
N170 M30;
%
```

ϕ17.9mm 麻花钻(钻孔)

```
%
O2000
N10 G90 G40 G49 M03 S500;
N20 G00 Z30;
N30 X0 Y0;
N40 G01 Z5 F100;
N50 G83 G99 X0 Y0 Z -17 R5 Q3 F60;
N60 G00 Z30;
N70 M05;
N80 M30;
%
```

镗孔

```
%
O3000
N10 G90 G40 G49 M03 S500;
N20 G00 Z30;
N30 X0 Y0;
N40 G01 Z5 F100;
N60G98 G85 X0 Y0 Z -10 R5 F50;
N70 G00 Z30;
N80 M05;
N90 M30;
%
```

ϕ10mm 铣刀(挖槽)

```
%
O4000
N10 G90 G40 G49 M03 S500;
N20 G00 Z30;
```

```
N30 X0 Y0;
N40 G01 Z-5 F100;
N50 G42 X30 Y-5.6351 D01;
N60 G02 X22.468 Y-15.3259 R10;
N70 G03 X15.3175 Y-22.5 R10;
N80 G02 X5.635 Y-30 R10;
N90 G01 X-5.635;
N100 G02 X-15.3175 Y-22.5 R10;
N110 G03 X-22.468 Y-15.3259 R10;
N120 G02 X-30 Y-5.6351 R10;
N130 G01 Y5.6351;
N140 G02 X-22.468 Y15.3259 R10;
N150 G03 X-15.3175 Y22.5 R10;
N160 G02 X-5.635 Y30 R10;
N170 G01 X5.635;
N180 G02 X15.3175 Y22.5 R10;
N190 G03 X22.468 Y15.3259 R10;
N200 G02 X30 Y3.6351 R10;
N210 G01 X30 Y-5.6351;
N220 G02 X22.468 Y-15.3259 R10;
N225 G02 X10 Y-10 R15;
N230 G00 Z30;
N240 G40 X70 Y0;
N250 M05;
N260 M30;
%
```

ϕ8mm 麻花钻(钻孔)

```
%
O5000
N10 G90 G40 G49 M03 S500;
N20 G00 Z30;
N30 G99 G81 X25 Y25 Z-10 R5 F80;
N40 X-25;
N50 Y-25;
N60 X25;
N70 G80 G00 X70 Y0;
N80 M05;
N90 M30;
%
```

课题 3.4.2　综合零件加工(二)

加工如图 3-23 所示的零件,毛坯为 100mm × 100mm × 15mm 板材,工件材料为 45 号钢,外形已加工。

1. 工艺分析

1)零件几何特点

该零件由左右对称的凸台、型腔、孔组成,其几何形状为平面二维图形,零件的外轮廓为方形,闭式型腔尺寸精度为未注公差取公差中等级 ±0.1,表面粗糙度为 1.6μm,开式槽表面粗糙度 3.2μm,需采用粗、精加工。孔为对称分布,表面粗糙度为 1.6μm。

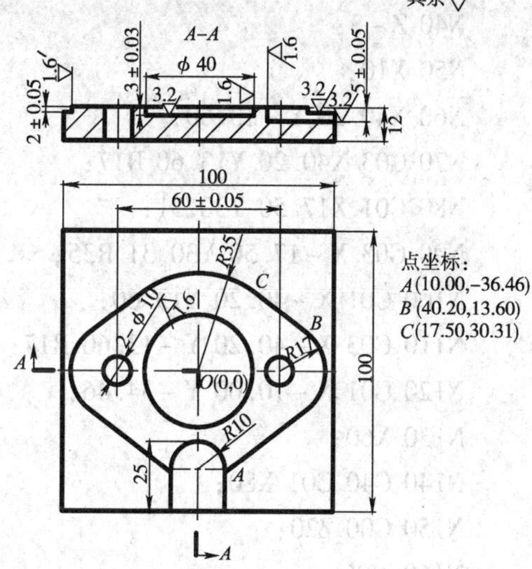

图 3-23　综合零件加工实例(二)
(尺寸单位:mm)

2)加工工序

根据零件图样要求其加工工序为:

(1)粗加工凸台外形,选用 φ30mm 立铣刀,加工面大,可提高加工效率。凹形腔,选用 φ16mm 三刃立铣刀,其闭式型腔切入和切出安排在型腔中部。精加工采用改变刀具半径值补偿值的方法加工。

(2)点孔加工,选用 φ3mm 中心钻。

(3)钻孔加工,选用 φ9.6mm 直柄麻花钻,可用高速深孔钻循环指令 G83。

(4)铰孔加工,选用 φ10mmH9 机用铰刀,可用高速深孔钻循环指令 G85。

3)刀具及切削参数

各工序刀具及切削参数选择见表 3-8。

2. 参考程序

(1)确定工件坐标系和对刀点;

(2)确定工件坐标系和对刀点。

在 XOY 平面内确定以 O 点为工件原点,Z 方向以工件上表面为原点,建立工件坐标系。

1)外形加工程序(铣刀 φ30mm 粗加工、铣刀 φ12mm 精加工)

刀具及切削参数表　　表 3-8

序号	加工面	刀具号	刀具规格		主轴转速	进给速度
			类　型	材　料	n(r · min^{-1})	V(mm · min^{-1})
1	粗加工凸台	T01	φ30mm 三刃立铣刀	硬质合金	500	120
2	精加工凸台	T02	φ12mm 三刃立铣刀	硬质合金	800	80
3	粗加工凹型腔	T03	φ16mm 三刃立铣刀	高速钢	800	120
4	精加工凹型腔	T03	φ16mm 三刃立铣刀	高速钢	800	80
5	点孔加工	T04	φ3mm 中心钻	高速钢	1200	120
6	钻孔加工	T05	φ7.6mm 直柄麻花钻	高速钢	800	80
7	铰孔加工	T06	φ8mmH9 机用铰刀	高速钢	300	50

```
%
O1234
N10 G90 G01 Z20 M03 S500 F200;
N20 X-70 Y-36.46;
N30 G42 G01 X-65 D01;
N40 Z-3;
N50 X10;
N60 X40.20 Y-13.60;
N70 G03 X40.20 Y13.60 R17;
N80 G01 X17.50 Y30.31;
N90 G03 X-17.50 Y30.31 R35;
N100 G01 X-40.20 Y13.60;
N110 G03 X-40.20 Y-13.60 R17;
N120 G01 X-10.00 Y-34.46;
N130 X60;
N140 G40 G01 X80;
N150 G00 Z20;
N160 M05;
N170 M30;
%
```

2)型腔、槽加工程序($\phi12$mm)

```
%
O5678
N10 G90 G01 M03 S500 Z20 F200;
N20 X-10 Y-75;
N30 G42 X-10 Y-65 F200 D01;
N40 Z-5;
N50 Y-36.46;
N60 G02 X10.00 Y-34.46 I-10 J0;
N70 G01 Y-70;
N80 Z20;
N90 G40 X-10 Y0;
N100 Z1 F100;
N110 X10;
N120 X-10 Z0;
N130 X10 Z-0.5;
N140 X-10 Z-1;
N150 X10 Z-1.5;
N160 X-10 Z-2;
N170 X10 Z-2.5;
```

```
N180 X -10 Z -3;
N190 G41 X10;
N200 G03 X20 YO I20 J0;
N210 X10 Y0 I10 J0;
N220 G01 Z20;
N230 G40 X70;
N240 M05;
N250 M30;
```

3)钻削加工程序(ϕ10mm 钻头)

```
%
O6789
N10 G90 G00 Z30 S350 M03;
N20 X -30 Y0;
N30 G99 G83 Z -20 R30 Q2 F80;
N40 X30;
N50 G80;
N60 M05;
N70 M30;
%
```

课题 3.4.3 综合零件加工(三)

加工如图 3-24 所示的零件,毛坯为 100mm × 100mm × 15mm 板材,工件材料为 45 号钢,外形已加工。

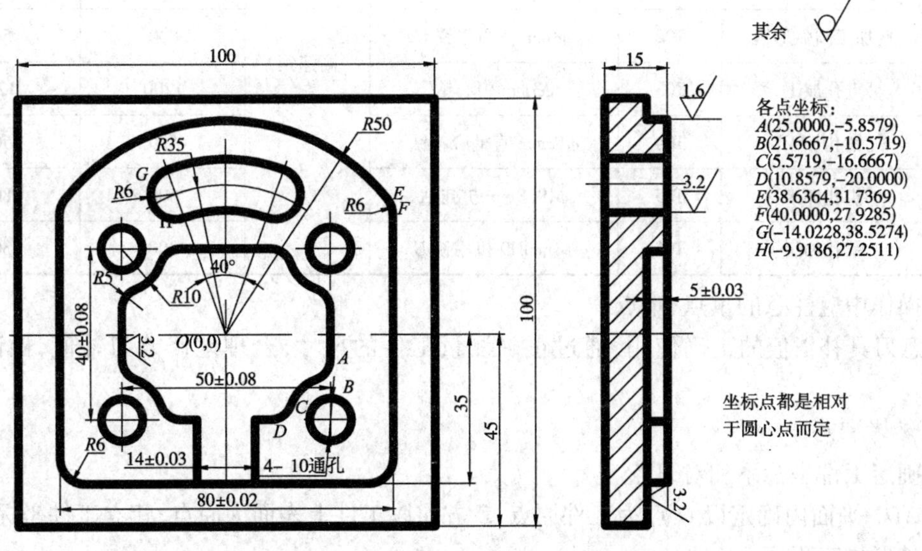

图 3-24 综合零件加工实例(三)(尺寸单位:mm)

1. 工艺分析

1)零件几何特点

该零件由一个左右对称的凸台、一个左右对称的型腔、一条圆弧槽和左右对称的 4 个孔组成,其几何形状为平面二维图形,零件的外轮廓为方形,开式形腔,尺寸精度为±0.01,表面粗糙度为1.6μm,圆弧槽表面粗糙度3.2μm,需采用粗、精加工。孔为对称分布,表面粗糙度为1.6μm。

2)加工工序

根据零件图样要求其加工工序为:

(1)粗加工凸台外形,选用ϕ80mm立铣刀,加工面大,可提高加工效率。开口形腔,选用ϕ8mm三刃立铣刀,其切入和切出安排在开口形腔正下部开口处。槽的加工选用ϕ8mm三刃立铣刀,采用螺旋式沿轮廓下刀。精加工采用改变刀具半径值补偿值的方法加工。

(2)点孔加工,选用ϕ3mm中心钻。

(3)钻孔加工,选用ϕ12mm直柄麻花钻,可用高速深孔钻循环指令G83。

(4)扩孔加工,采用ϕ19.8mm扩孔钻,可用高速深孔钻循环指令G83。

(5)铰孔加工,选用ϕ20mmH9机用铰刀,可用高速深孔钻循环指令G85。

3)刀具及切削参数

各工序刀具及切削参数选择见表3-9。

刀具及切削参数表 表3-9

序号	加工面	刀具号	刀具规格		主轴转速	进给速度
			类型	材料	$n(\mathrm{r\cdot min^{-1}})$	$V(\mathrm{mm\cdot min^{-1}})$
1	粗加工凸台	T01	ϕ80mm立铣刀	硬质合金	1000	200
2	精加工凸台	T02	ϕ8mm三刃立铣刀		1800	100
3	粗加工开口形腔	T02	ϕ8mm三刃立铣刀	高速钢	600	120
4	精加工开口形腔	T02	ϕ8mm三刃立铣刀		800	50
5	粗加工圆弧形槽	T02	ϕ8mm三刃立铣刀		600	120
6	精加工圆弧形槽	T02	ϕ8mm三刃立铣刀		800	50
7	点孔加工	T03	ϕ3mm中心钻		1200	120
8	钻孔加工	T04	ϕ12mm直柄麻花钻		500	50
9	扩孔加工	T05	ϕ19.8mm扩孔钻		500	80
10	铰孔加工	T06	ϕ8mmH9机用铰刀		300	30

4)操作中应注意的重点、难点

注意刀具补偿值的正确使用,通过正确测量工件的尺寸,合理地修改刀补值,保证加工精度。

2. 参考程序

1)确定工件坐标系和对刀点

在XOY平面内确定以O点为工件原点,Z方向以工件上表面为原点,建立工件坐标系。

2)外形加工程序

铣外形ϕ80mm立铣刀

%

O1000

```
N10 G49 G40 G00 G90 Z30 S400 M03;
N20 G01 X-70 Y-35 F200;
N40 Z-5 F100;
N50 G42 X-40 D01;
N60 X34;
N70 G03 Y29 R6;
N80 G01 X40 Y27.9285;
N90 G03 X38.6364 Y31.7369 R6;
N100 X-38.6364 R50;
N110 X-40 Y27.9285 R6;
N120 G01 X-40 Y-29;
N130 G03 X-34 Y-35 R6;
N140 GO1 X0;
N150 Z20;
N160 G40 Y-70;
N170 M05;
N180 M30;
%
```

铣开口形腔（ϕ8mm 立铣刀）

```
%
O1000
N10 G49 G40 G00 G90 Z30 S500 M03;
N20 G01 X0 Y-50 F200;
N40 Z-5 F100;
N50 G41 X7 Y-35 D02;
N60 Y-20;
N70 X10.8579;
N80 G03 X5.5719 Y-16.6667 R10;
N90 G02 X21.6667 Y-10.5719 R5;
N100 G03 X25 Y-5.8579 R5;
N110 G01 X25 Y5.8579;
N120 G03 X21.6667 Y10.5719 R5;
N130 G02 X5.5719 Y16.6667 R10;
N140 GO3 X10.8579 Y20 R5;
N150 G01 X-10.8579 Y20;
N160 G03 X-5.5719 Y16.6667 R5;
N170 G02 X-21.6667 Y10.5719 R10;
N180 G03 X-25 Y5.8579 R5;
N190 G01 Y-5.8579;
```

```
N200 G03 X-21.6667 Y-10.5719 R5;
N210 G02 X-5.4719 Y-16.6667 R10;
N220 G03 X-10.8579 Y-20 R5;
N230 G01 X-7;
N240 Y-50;
N250 Z20;
N260 G40 Y-60;
N270 M05;
N280 M30;
%
```

铣圆弧槽(ϕ8mm 立铣刀)

```
%
O1000
N10 G49 G40 G00 G90 Z30 S500 M03;
N20 G01 X-10 Y35 F200;
N40 Z0 F100;
N50 X10 Z-0.5;
N60 X-10 Z-1;
N70 X10 Z-1.5;
N80 X-10 Z-2;
N90 X10 Z-2.5;
N100 X-10 Z-3;
N110 X10 Z-3.5;
N120 X-10 Z-4;
N130 X10 Z-4.5;
N140 X-10 Z-5;
N150 X10 Z-5.5;
N160 X-10 Z-6;
N170 X10 Z-6.5;
N180 X-10 Z-7;
N190 X10 Z-7.5;
N200 X-10 Z-8;
N210 X10 Z-8.5;
N220 X-10 Z-9;
N230 X10 Z-9.5;
N240 X-10 Z-10;
N250 X10 Z-10.5;
N260 X-10 Z-11;
N270 X10 Z-11.5;
```

```
N280 X-10 Z-12;
N290 X10 Z-12.5;
N300 X-10 Z-13;
N310 X10 Z-13.5;
N320 X-10 Z-14;
N330 X10 Z-14.5;
N340 X-10 Z-15;
N350 Z-5;
N360 G42 X14.032 Y38.527;
N370 G02 X9.909 Y27.224 R6;
N380 G03 X-9.909 Y27.224 R29;
N390 G02 X-14.023 Y38.527 R6;
N400 X14.023 R41;
N410 G01 Z20;
N420 X14.023 Y38.527;
N430 Z-10;
N440 G02 X9.909 Y27.224 R6;
N450 G03 X-9.909 Y27.224 R29;
N460 G02 X-14.023 Y38.527 R6;
N470 X14.023 R41;
N480 G01 Z20;
N490 X14.023 Y38.527;
N500 Z-15;
N510 G02 X9.909 Y27.224 R6;
N520 G03 X-9.909 Y27.224 R29;
N530 G02 X-14.023 Y38.527 R6;
N540 X14.023 R41;
N550 G01 Z20;
N560 G40 X0 Y70;
N570 M05;
N580 M30;
%
```

钻削加工程序(ϕ3mm 中心钻、ϕ12mm 麻花钻、ϕ19.8mm 扩孔钻)

```
%
O6789
N10 G90 G00 Z30 S1200 M03;
N15 G43 Z10 H03;
N20 X-30 Y20;
N30 G99 ;
```

思考与练习

1. 数控铣床主要适合加工哪些类型的零件?

2. 什么是数控铣床刀具补偿?数控铣床半径补偿的作用是什么?怎样建立和注销刀具半径补偿?

3. 什么是顺铣?什么是逆铣?数控机床的顺铣和逆铣各有什么特点?

4. 加工如图 3-25 所示工件。加工程序启动时刀具在参考点位置(参考点位置如图所示),选择 ϕ 30mm立铣刀,并以零件的中心孔作为定位孔,加工时的走刀路线如图,试编写其精加工程序。

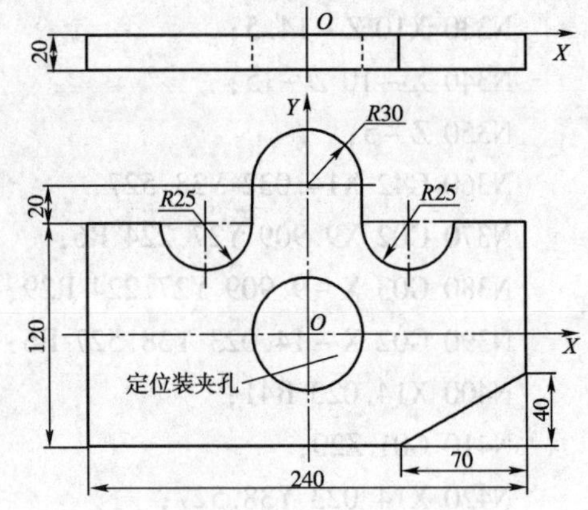

图 3-25 思考练习 4 图(尺寸单位:mm)

5. 加工图 3-26 所示工件。先用 ϕ50mm 端铣刀铣上表面(切削余量 2mm),再用 ϕ30mm 立铣刀铣凹槽。Z 向切深不得超过 3mm。试编程。

6. 图 3-27 零件的钻铰孔加工在 XK714C 型数控铣床上进行,数控系统为 FANUC-OMD,请编制数控加工程序。要求零件各孔加工按下列工序加工:钻 ϕ3. 15mm、深 4mm 的中心孔──→钻 ϕ19. 8mm的通孔──→铰 ϕ20mm 的通孔。

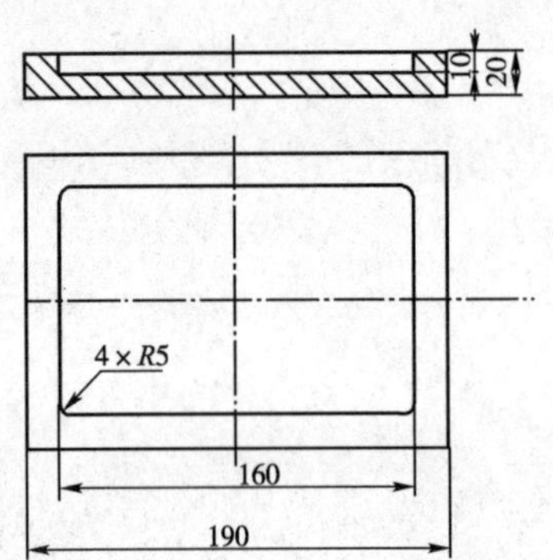

图 3-26 思考练习 5 图(尺寸单位:mm)

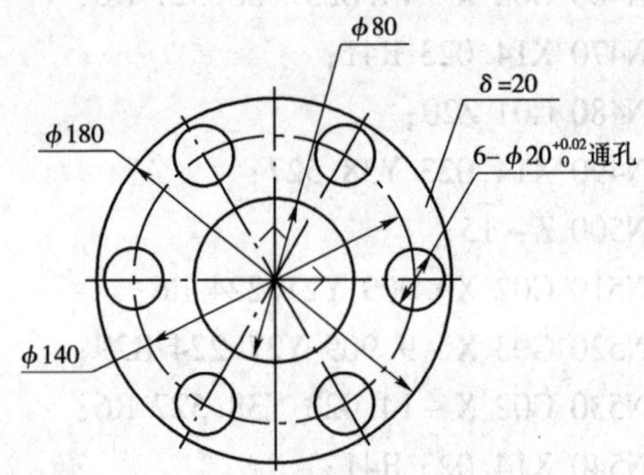

图 3-27 思考练习 6 图(尺寸单位:mm)

模块四 加工中心编程与加工操作

项目一 加工中心操作入门

课题 4.1.1 加工中心介绍

加工中心是一种功能较全的数控加工机床。它把铣削、镗削、钻削、攻螺纹和切削螺纹等功能集中在一台设备上,使其具有多种工艺手段。加工中心设置有刀库,刀库中存放着不同数量的各种刀具或检具,在加工过程中由程序自动选用和更换。这是它与数控铣床、数控镗床的主要区别。加工中心是一种综合加工能力较强的设备,工件一次装夹后能完成较多的加工步骤,加工精度较高,对于中等加工难度的批量工件,其效率是普通设备的 5 ~ 10 倍,特别是它能完成许多普通设备不能完成的加工。加工中心对形状较复杂、精度要求高的单件加工或中小批量多品种生产更为适用。特别是对于必须采用工装和专机设备来保证产品质量和效率的工件,采用加工中心加工,可以省去工装和专机。这会为新产品的研制和改型换代节省大量的时间和费用,从而使企业具有较强的竞争能力。

1. 加工中心的分类

加工中心常按主轴在空间所处的状态分为立式加工中心和卧式加工中心,加工中心的主轴在空间处于垂直状态的称为立式加工中心,主轴在空间处于水平状态的称为卧式加工中心。主轴可作垂直和水平转换的,称为立卧式加工中心或五面加工中心,也称复合加工中心。按加工中心立柱的数量分有单柱式和双柱式(龙门式)加工中心。

按加工中心运动坐标数和同时控制的坐标数分有三轴二联动、三轴三联动、四轴三联动、五轴四联动、六轴五联动等。三轴、四轴是指加工中心具有的运动坐标数,联动是指控制系统可以同时控制运动的坐标数,从而实现刀具相对工件的位置和速度控制。

按工作台的数量和功能分有单工作台加工中心、双工作台加工中心和多工作台加工中心。

按加工精度分有普通加工中心和高精度加工中心。普通加工中心分辨率为 1μm,最大进给速度 15 ~ 25m/min,定位精度 10μm 左右。高精度加工中心、分辨率为 0.1μm,最大进给速度为 15 ~ 100m/min,定位精度为 2μm 左右。介于 2 ~ 10μm 之间的,以 ±5μm 居多,可称精密级。

2. 加工中心的结构特点

加工中心本身的结构分两大部分:一是主机部分,二是控制部分。

主机部分主要是机械结构部分,包括:床身、主轴箱、工作台、底座、立柱、横梁、进给机构、刀库、换刀机构、辅助系统(气液、润滑、冷却)等。

控制部分包括硬件部分和软件部分。硬件部分包括:计算机数字控制装置(CNC)、可编程序控制器(PLC)、输出输入设备、主轴驱动装置、显示装置。软件部分包括系统程序和控制程序。

加工中心结构上的特点是:

(1)机床的刚度高、抗振性好。为了满足加工中心高自动化、高速度、高精度、高可靠性的要求,加工中心的静刚度、动刚度和机械结构系统的阻尼比都高于普通机床(机床在静态力作用下所表现的刚度称为机床的静刚度;机床在动态力作用下所表现的刚度称为机床的动刚度)。

(2)机床的传动系统结构简单,传递精度高,速度快。加工中心传动装置主要有三种,即滚珠丝杠副、静压蜗杆—蜗母条、预加载荷双齿轮—齿条。它们由伺服电机直接驱动,省去齿轮传动机构,传递精度高,速度快。一般速度可达15m/min,最高可达100m/min。

(3)主轴系统结构简单,无齿轮箱变速系统(特殊的也只保留1~2级齿轮传动)。主轴功率大,调速范围宽,并可无级调速。目前加工中心95%以上的主轴传动都采用交流主轴伺服系统,速度可从10~20000r/min无级变速。驱动主轴的伺服电机功率一般都很大,是普通机床的1~2倍,由于采用交流伺服主轴系统,主轴电动机功率虽大,但输出功率与实际消耗的功率保持同步,不存在大马拉小车那种浪费电力的情况,因此其工作效率最高,从节能角度看,加工中心又是节能型的设备。

(4)加工中心的导轨都采用耐磨损材料和新结构,能长期的保持导轨的精度,在高速重切削下,保证运动部件不振动,低速进给时不爬行及运动中的高灵敏度。导轨采用钢导轨、淬火硬度≥HRC57°,与导轨配合面用聚四氟乙烯贴层。这样处理的优点是:

①摩擦系数小;

②耐磨性好;

③减振消声;

④工艺性好。

所以加工中心的精度寿命比一般的机床高。

(5)设置有刀库和换刀机构。这是加工中心与数控铣床和数控镗床的主要区别,使加工中心的功能和自动化加工的能力更强了。加工中心的刀库容量少的有几把,多的达几百把。这些刀具通过换刀机构自动调用和更换,也可通过控制系统对刀具寿命进行管理。

(6)控制系统功能较全。它不但可对刀具的自动加工进行控制,还可对刀库进行控制和管理,实现刀具自动交换。有的加工中心具有多个工作台,工作台可自动交换,不但能对一个工件进行自动加工,而且可对一批工件进行自动加工。这种多工作台加工中心有的称为柔性加工单元。随着加工中心控制系统的发展,其智能化的程度越来越高,如FANUCl6系统可实现人机对话、在线自动编程,通过彩色显示器与手动操作键盘的配合,还可实现程序的输入、编辑、修改、删除,具有前台操作、后台编辑的前后台功能。加工过程中可实现在线检测,检测出的偏差可自动修正,保证首件加工一次成功,从而可以防止废品的产生。

3. 加工中心的功能

1)立式加工中心

立式加工中心的主轴处于垂直位置,能完成铣削、镗削、钻削、攻螺纹和切削螺纹等加工。立式加工中心最少是三轴二联动,一般可实现三轴三联动。有的可进行五轴、六轴控制,工艺人员可根据其同时控制的轴数确定该加工中心的加工范围。

立式加工中心立柱高度是有限的,确定 Z 轴的运动范围时要考虑:

(1)工件的高度;

(2)工装夹具的高度;

(3)刀具的长度;

(4)机械手换刀占用的空间。

在考虑上述4种情况之后,立式加工中心对箱体类工件加工范围要减少,这是立式加工中心的弱点。但立式加工中心有下列优点:

(1)工件易装夹,可用通用的夹具如平口钳、压板、分度头、回转工作台等装夹工件,工件的装夹定位方便;

(2)刀具运动轨迹易观察,调试程序检查测量方便,可及时发现问题,进行停机处理或修改;

(3)冷却条件易建立,冷却液能直接到达刀具和加工表面;

(4)坐标系即 X、Y、Z 三个坐标轴与笛卡尔坐标系吻合,感觉直观与图纸视角一致;

(5)切屑易排除和掉落,避免切屑划伤加工过的表面;

(6)结构一般采用单柱式,它与相应的卧式加工中心相比,结构简单、占地面积较小,价格较低。

立式加工中心最适于加工 Z 轴方向尺寸相对较小的工件,一般的情况下除底面不能加工外,其余5个面都可用不同的刀具进行轮廓和表面加工。

2)卧式加工中心

卧式加工中心的主轴是水平设置的。一般的卧式加工中心有3~5个坐标轴,常配有一个回转轴(或回转工件台),主轴转速在10~10000r/min之内,最小分辨率一般为1μm,定位精度为10~20μm。卧式加工中心刀库容量一般较大,有的刀库可存放几百把刀具。卧式加工中心的结构较立式加工中心复杂,体积和占地面积较大,价格也较高。卧式加工中心较适于加工箱体类零件。只要一次装夹在回转工作台上,即可对箱体(除顶面和底面之外)的4个面进行铣、镗、钻、攻丝等加工。特别是对箱体类零件上的一些孔和型腔有位置公差要求的(如孔系之间的平行度、孔与端面的垂直度、端面与底面的垂直度等),以及孔和型腔与基准面(底面)有严格尺寸精度要求的,在卧式加工中心上通过一次装夹加工,容易得到保证,适合于批量工件的加工。卧式加工中心程序调试时,不如立式加工中心直观、容易观察,对工件检查和测量也感不便,且对复杂零件的加工程序调试时间是正常加工的几倍,所以加工的工件数量越多,平均每件占用机床的时间越少,因此用卧式加工中心进行批量加工才合算。但它可实现普通设备难以达到的精度和质量要求,因此一些精度要求高,其他设备无法达到其精度要求的工件,特别是一些空间曲面和形状复杂的工件,即使是单件生产,也可考虑在卧式加工中心上加工。由此可见加工中心即是高效、高质量的自动化生产设备,又是攻克工艺难题的设备。

卧式加工中心的坐标系与立式加工中心坐标系即 X、Y、Z 三轴在空间上是不同的。而且卧式加工中心冷却条件不如立式的好,特别是对深孔的镗、铣、钻等,冷却液难以到达切削深处,因此,必须降低机床的转速和进给量、降低了生产效率。与立式加工中心相比,卧式加工中心的功能多,在立式加工中心上加工不了的工件,在卧式加工中心上一般的都能加工。此外卧式加工中心的回转工作台有的是数控的,有的是分度的,工件一次装夹可实现多个工位的加工。总的来说卧式加工中心有其优点,也有不足,使用时用其优避其劣。

3)多工作台加工中心

多工作台加工中心有时称为柔性加工单元(FMC)。它有两个以上可更换的工作台,通过运送轨道可把加工完的工件连同工作台(托盘)一起移出加工部位,然后把装有待加工工件的工作台(托盘)送到加工部位,这种可交换的工作台可设置多个,实现多工作台加工。其优点是可实现在线装夹,即在进行加工的同时,下边的工作台进行装、卸工件,另外可在其他工作台上都装上待加工的工件,开动机床后,能完成对这一批工件的自动加工,工作台上的工件可以是相同的,也可以是不同的。这都可由程序进行处理。多工作台加工中心有立式的,也有卧式的。无论立式还是卧式,其结构都较复杂,刀库容量较大,机床占地面积大,控制系统功能较全。计算速度快,内存容量大。采用的都是最先进的 CNC 系统,所以价格昂贵。

4)复合加工中心

复合加工中心也称多工面加工中心,是指工件一次装夹后,能完成多个面的加工的设备。现有的五面加工中心,它在工件一次装夹后,能完成除安装底面外的 5 个面的加工。这种加工中心兼有立式和卧式加工中心的功能,在加工过程中可保证工件的位置公差。常见的五面加工中心有两种形式,一种是主轴做 90°或相应角度旋转,可成为立式加工中心或卧式加工中心。另一种是工作台带着工件做 90°旋转,主轴不改变方向而实现五面加工。无论是哪种五面加工中心都存在着结构复杂,造价昂贵的缺点。

五面加工中心的功能比多工作台加工中心的功能还要多,控制系统先进,其价格是工作台尺寸相同的多工位加工中心的两倍左右。

4. 主要加工对象

加工中心适宜于加工复杂、工序多、要求较高、需用多种类型的普通机床和众多刀具夹具,且经多次装夹和调整才能完成加工的零件。其加工的主要对象有箱体类零件、复杂曲面、异形件、盘套板类零件和特殊加工 5 类。

1)箱体类零件

箱体类零件一般是指具有一个以上孔系,内部有型腔,在长、宽、高方向有一定比例的零件。这类零件在机床、汽车、飞机制造等行业用的较多。箱体类零件一般都需要进行多工位孔系及平面加工,公差要求较高,特别是形位公差要求较为严格,通常要经过铣、钻、扩、镗、铰、锪,攻丝等工序,需要刀具较多,在普通机床上加工难度大,工装套数多,费用高,加工周期长,需多次装夹、找正,手工测量次数多,加工时必须频繁地更换刀具,工艺难以制定,更重要的是精度难以保证。

加工箱体类零件的加工中心,当加工工位较多,需工作台多次旋转角度才能完成的零件,一般选卧式镗铣类加工中心。当加工的工位较少,且跨距不大时,可选立式加工中心,从一端进行加工。

2)复杂曲面

复杂曲面在机械制造业,特别是航天航空工业中占有特殊重要的地位。复杂曲面采用普通机加工方法是难以甚至无法完成的。在我国,传统的方法是采用精密铸造,可想而知其精度是低的。复杂曲面类零件如:各种叶轮、导风轮、球面、各种曲面成形模具、螺旋桨以及水下航行器的推进器,以及一些其他形状的自由曲面。这类零件均可用加工中心进行加工,比较典型的下面几种:

(1)凸轮、凸轮机构

作为机械式信息贮存与传递的基本元件,被广泛地应用于各种自动机械中,这类零件有各种曲线的盘形凸轮,圆柱凸轮、圆锥凸轮、桶形凸轮、端面凸轮等。加工这类零件可根据凸轮的复杂程度选用三轴、四轴联动或选用五轴联动的加工中心。

(2)整体叶轮

这类零件常见于航空发动机的压气机、制氧设备的膨胀机、单螺杆空气压缩机等,对于这样的型面,可采用四轴以上联动的加工中心加工。

(3)模具

它包括如注塑模具、橡胶模具、真空成形吸塑模具、电冰箱发泡模具、压力铸造模具、精密铸造模具等。采用加工中心加工模具，由于工序高度集中，动模、静模等关键件的精加工基本上是在一次安装中完成全部机加工内容，可减少尺寸累计误差，减少修配工作量。同时，模具的可复制性强，互换性好。机械加工残留给钳工的工作量少，凡刀具可及之处，尽可能由机械加工完成，这样使模具钳工的工作量主要在于抛光。

(4)球面

球面零件可采用加工中心铣削。三轴铣削只能用球头铣刀作逼近加工，效率较低，五轴铣削可采用端铣刀作包络面来逼近球面。复杂曲面用加工中心加工时，编程工作量较大，大多数要有自动编程技术。

3)异形件

异形件是外形不规则的零件，大都需要点、线、面多工位混合加工。异形件的刚性一般较差，夹压变形难以控制，加工精度也难以保证，甚至某些零件的有的加工部位用普通机床难以完成。用加工中心加工时应采用合理的工艺措施，一次或二次装夹，利用加工中心多工位点、线、面混合加工的特点，完成多道工序或全部的工序内容。

4)盘、套、板类零件

带有键槽，或径向孔，或端面有分布的孔系，曲面的盘套或轴类零件，如带法兰的轴套，带键槽或方头的轴类零件等，还有具有较多孔加工的板类零件，如各种电机盖等。端面有分布孔系、曲面的盘类零件宜选择立式加工中心，有径向孔的可选卧式加工中心。

5)特殊加工

在熟练掌握了加工中心的功能之后，配合一定的工装和专用工具，利用加工中心可完成一些特殊的工艺制作，如在金属表面上刻字、刻线、刻图案；在加工中心的主轴上装上高频电火花电源，可对金属表面进行线扫描表面淬火；用加工中心装上高速磨头，可实现小模数渐开线圆锥齿轮磨削及各种曲线、曲面的磨削等。

课题 4.1.2　加工中心操作

一、工件的定位

1. 定位基准的选择

同普通机床一样，在加工中心上加工时，零件的装夹仍遵守六点定位原则。

在选择定位基准时，要全面考虑各个工位加工情况，达到三个目的：

(1)所选基准应能保证工件的定位准确，装卸工件方便，能迅速完成工件的定位和夹紧，夹紧可靠，且夹具结构简单。

(2)所选定的基准与各加工部位的各个尺寸运算简单，尽量减少尺寸链计算，避免或减少计算环节和计算误差。

(3)保证各项加工精度。在具体确定零件的定位基准时，要遵循下列原则：

①尽量选择零件上的设计基准作为定位基准。在制定零件的加工方案时，首先要选择最佳的精基准来进行加工中心加工。这就要求在粗加工时，考虑以怎样的粗基准把精基准的各面加工出来，即加工中心上使用的各个定位基准应在前面普通机床或加工中心工序中加工完成，这样容易保证各个工位加工表面相互之间的精度关系，而且，当某些表面还要靠多次装夹

或其他机床完成时,选择与设计基准相同的基准定位,不仅可以避免因基准不重合而引起的定位误差,保证加工精度,且可简化程序编制。

②当在加工中心上无法同时完成包括设计基准在内的工位加工时,应尽量使定位基准与设计基准重合。同时还要考虑用该基准定位后,一次装夹就能够完成全部关键精度部位的加工。为了避免精加工后的零件再经过多次非重要的尺寸加工,多次周转,造成零件变形、磕碰划伤,在考虑一次尽可能完成多的加工内容(如螺孔、自由孔、倒角、非重要表面、刀具检查等)的同时,一般将加工中心上完成的工序安排在最后。

③当在加工中心上既加工基准又完成各工位的加工时,其定位基准的选择需考虑完成尽可能多的加工内容。为此,要考虑便于各个表面都被加工的定位方式,如对于箱体,最好采用一面两销的定位方式,以便刀具对其他表面的加工。

④当零件的定位基准与设计基准难以重合时,应认真分析装配图纸,确定该零件设计基准的设计功能,通过尺寸链的计算,严格规定定位基准与设计基准间的形位公差范围,确保加工精度。对于带有自动测量功能的加工中心,可在工艺中安排坐标系测量检查工步,即每个零件加工前由程序自动控制测头检测设计基准,CNC 系统自动计算并修正坐标系,从而确保各加工部位与设计基准间的几何关系。

⑤工件坐标系原点即"编程零点"与零件定位基准不一定非要重合,但两者之间必须要有确定的几何关系。工件坐标系原点的选择主要考虑便于编程和测量。对于各项尺寸精度要求较高的零件,确定定位基准时,应考虑坐标原点能否通过定位基准得到准确的测量,同时兼顾测量方法。

2. 零件的装夹与定位

1)确定零件夹具

在加工中心上,夹具的任务不仅是夹紧工件,而且还要以各个方向的定位面为参考基准,确定工件编程的零点。在加工中心上加工的零件一般都比较复杂。零件在一次装夹中,既要粗铣、粗镗,又要精铣、精镗,需要多种多样的刀具,这就要求夹具既能承受大切削力,又要满足定位精度要求。而加工中心的自动换刀(ATC)功能又决定了在加工中不能使用支架、位置检测及对刀元件。加工中心的高柔性要求其夹具比普通机床结构紧凑,简单,夹紧动作迅速、准确,尽量减少辅助时间,操作方便、省力、安全,而且要保证足够的刚性,还要能灵活多变。

在加工中心机床上,要想合理应用好夹具,首先要对加工中心的加工特点有比较深刻的理解和掌握,同时还要考虑如下因素:

(1)加工零件的精度;

(2)批量大小;

(3)制造周期;

(4)制造成本。

根据加工中心机床特点和加工需要,目前常用的夹具结构类型有专用夹具、组合夹具、可调整夹具和成组夹具。在选择时要综合考虑各种因素,选择最经济、最合理的夹具形式。

(1)组合夹具

组合夹具是由一套结构已经标准化,尺寸已经规格化的通用组合元件构成。可以按工件的加工需要组成各种功用的夹具。组合夹具有槽系组合夹具和孔系组合夹具。

组合夹具的基本特点是满足三化:标准化、系列化、通用化,具有组合性、可调性、模拟性、柔性、应急性和经济性,使用寿命长,能适应产品加工中的周期短、成本低等要求,比较适合加

工中心应用。在加工中心上应用组合夹具,有下列优点:

①节约夹具的设计制造工时;

②缩短生产准备周期;

③节约钢材和降低成本;

④提高企业工艺装备系数。

但是,由于组合夹具是由各种通用标准元件组合而成的,各元件间相互配合的环节较多,夹具精度、刚性仍比不上专用夹具,尤其是元件联结的接合面刚度,对加工精度影响较大。通常,采用组合夹具时其尺寸加工精度只能达到IT8~IT9级,这就使得组合夹具在应用范围上受到一定限制。此外,使用组合夹具首次投资大(当然,采取租赁方式会节省一笔投资),总体显得笨重,还有排屑不便等不足。对中、小批量,单件(如新产品试制等)或加工精度要求不十分严格的零件,在加工中心上加工时,应尽可能选择组合夹具。

(2)专用夹具

对于工厂的主导产品,批量较大,精度要求较高的关键性零件,在加工中心上加工时,选用专用夹具是非常必要的。

专用夹具是根据某一零件的结构特点专门设计的夹具,具有结构合理,刚性强,装夹稳定可靠,操作方便,提高安装精度及装夹速度等优点。选用这种夹具,一批工件加工后尺寸比较稳定,互换性也较好,可大大提高生产率。但是,专用夹具所固有的只能为一种零件的加工所专用的狭隘性,与产品品种不断变型更新的形势不相适应,特别是专用夹具的设计和制造周期长,花费的劳动量较大,加工简单零件显然不太经济。

(3)可调整夹具

可调整夹具能有效地克服以上两种夹具的不足,既能满足加工精度,又有一定的柔性,是一种很有发展前途的新颖的机床夹具结构形式。加工中心为它开辟了广阔的道路。

可调整夹具与组合夹具有很大的相似之处,所不同的是它具有一系列整体刚性好的夹具体。在夹具体上,设置有可定位、夹压等多功能的T形槽及台阶式光孔、螺孔,配制有多种夹紧定位元件。可调整夹具扩大了夹具的使用范围,只要配制通用夹具元件,即可实现快速调整。其刚性好的特点,能良好地保证加工精度,它不仅适用于多品种、中小批量生产,而且在少品种、大批量生产中也会体现出明显的优越性。

(4)成组夹具

成组夹具是随成组加工工艺的发展而出现的。使用成组夹具的基础是对零件的分类(编码系统中的零件族)。通过工艺分析,把形状相似、尺寸相近的各种零件进行分组,编制成组工艺,然后把定位、夹紧和加工方法相同的或相似的零件集中起来,统筹考虑夹具的设计方案。对结构外形相似的零件,采用成组夹具,具有经济、夹紧精度高等特点。

总之,加工中心上零件夹具的选择要根据零件精度等级,零件结构特点,产品批量及机床精度等情况综合考虑。在此,推荐选择顺序:优先考虑组合夹具,其次考虑可调整夹具,最后考虑专用夹具、成组夹具。当然,还可使用三爪卡盘、虎钳等大家熟悉的通用夹具。

2)夹紧与安装

即使用刚度较高的机床进行加工,如果加工的工件及其夹具没有足够的刚性,也会出现自激振动或尺寸偏差,因此,在考虑夹紧方案时,应注意工件的稳定性。不合理的装夹也会产生同样的后果,会使在装夹过程中刚性不好的工件产生变形。

在考虑夹紧方案时,夹紧力应力求靠近主要支承点上,或在支承点所组成的三角内,并力求靠近切削部位及刚性好的地方,尽量不要在被加工孔的上方。同时,考虑各个夹紧部件不要与加工部位和所用刀具发生干涉。

夹具在机床上的安装误差和工件在夹具中的定位、安装误差对加工精度将产生直接影响。即使在程序零点与工件本身的基准点相符合的场合,也要求工件对机床坐标轴线上的角度进行准确的调整。如果编程零点不是根据工件本身,而是按照夹具的基准来测量,则在编制工艺文件时,要根据零件的加工精度对装夹提出特殊要求。夹具中工件定位面的任何磨损以及任何污秽都会引起加工误差,因此,操作者在装夹工件时一定要将污物擦干净,并按工艺文件上的要求找正定位面,使其在一定的精度范围内。

夹具必须保证最小的夹紧变形。零件在粗加工时,切削力大,需要夹紧力大,但又不能把零件夹压变形,因此,必须慎重选择夹具的支承点、定位点和夹紧点。压板的夹紧点要尽量接近支承点,避免把夹紧力加在零件无支承的区域。如采用这些措施仍不能控制零件变形,只能将粗、精加工工序分开,或者粗加工程序仅编制粗加工过程,在粗加工后编一任选停止指令,操作者松开压板,放松夹具,使零件消除变形后,再继续进行精加工。

3)确定零件在机床工作台上的最佳位置

在卧式加工中心上加工零件时,由于要进行多工位加工,就要考虑零件(包括夹具)在机床工作台上的最佳位置。该位置是在技术准备过程中考虑机床行程,各种干涉情况,优化匹配各部位刀具长度而确定的。如果考虑不周,会造成机床超程,更换刀具,影响加工精度或重新进入试切阶段而造成浪费工时等不良后果,也会增大出现废品的可能性。

加工中心具有的自动换刀(ATC)功能决定了其最大的弱点为刀具悬臂式加工,在加工过程中不能使用镗模、支架等。因此,在进行多工位零件的加工时,应综合计算各工位的各加工表面到机床主轴端面的距离以选择最佳的刀具长度,提高工艺系统的刚性,从而保证加工精度。

二、加工刀具的选择

在加工中心上,其主轴转速较普通机床的主轴转速高 1 ~2 倍,某些特殊用途的数控机床、加工中心主轴转速高达每分钟数万转,因此数控机床用刀具的强度与耐用度至关重要。目前涂层刀具与立方氮化硼等刀具已广泛用于加工中心,陶瓷刀具与金刚石刀具也开始在加工中心上运用。一般来说,数控机床用刀具应具有较高的耐用度和刚度,刀具材料抗脆性好,有良好的断屑性能和可调易更换等特点。例如,在数控机床上进行铣削加工时选择刀具要注意如下要点:

平面铣削时应选用不重磨硬质合金端铣刀或立铣刀。一般铣削时,尽量采用二次走刀加工,第一次走刀最好用端铣刀粗铣,沿工件表面连续走刀。选好每次走刀宽度和铣刀直径,使接刀痕不影响精切走刀精度。因此当加工余量大不均匀时,铣刀直径要选小些,反之,选大些。精加工时铣刀直径要选大些,最好能包容加工面的整个宽度。

立铣刀和镶硬质合金刀片的端铣刀主要用于加工凸台、凹槽和箱口面。为了轴向进给时易于吃刀,要采用端齿特殊刃磨的铣刀,如图 4-1a)所示。为了减少振动,可采用图 4-1b)所示的非等距三齿或四齿铣刀。为了加强铣刀强度,应加大锥形刀心,变化槽深,如图 4-1c)所示。

为了提高槽宽的加工精度,减少铣刀的种类,加工时可采用直径比槽宽小的铣刀,先铣槽的中间部分,然后用刀具半径补偿功能铣槽的两边。

铣削平面零件的周边轮廓一般采用立铣刀。刀具的结构参数可参考如下:

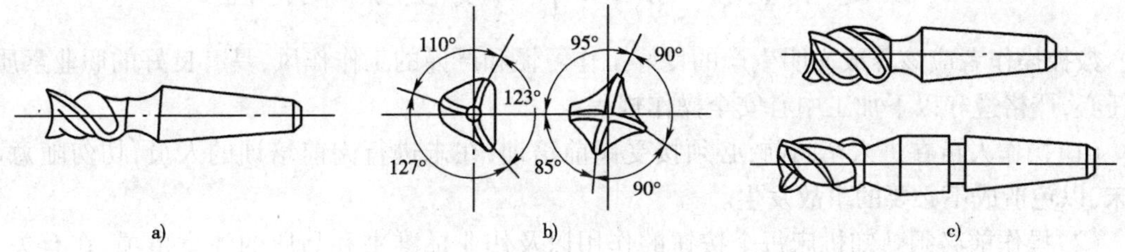

图 4-1　数控机床用的立铣刀

a) 轴向进给加工的立铣刀；b) 非等距立铣刀刀齿；c) 加强刚度的立铣刀

(1) 刀具半径 R 应小于零件内轮廓的最小曲率半径 ρ，一般取 $R=(0.8\sim0.9)\rho$。

(2) 零件的加工高度 $H\leqslant(1/4\sim1/6)R$ 保证刀具有足够的刚度。

(3) 粗加工内型面时，刀具直径可按下式估算（如图 4-2）：

$$D_c=\frac{2\left(\delta\sin\dfrac{\varphi}{2}-\delta_1\right)}{1-\sin\dfrac{\varphi}{2}}+D$$

式中：δ_1——槽的精加工余量；

δ——加工内型面时的最大允许精加工余量；

φ——零件内壁的最小夹角；

D——工件内型面最小圆弧直径。

数控加工曲面和变斜角轮廓外形时常用球头刀、环形刀、鼓形刀和锥形刀等，如图 4-3 所示。

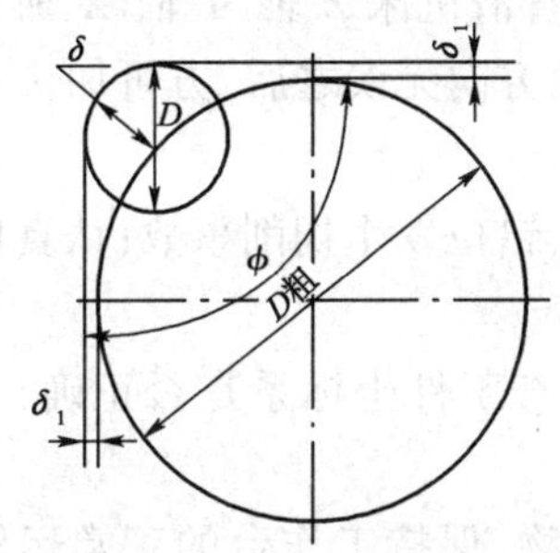

图 4-2　刀具直径估算

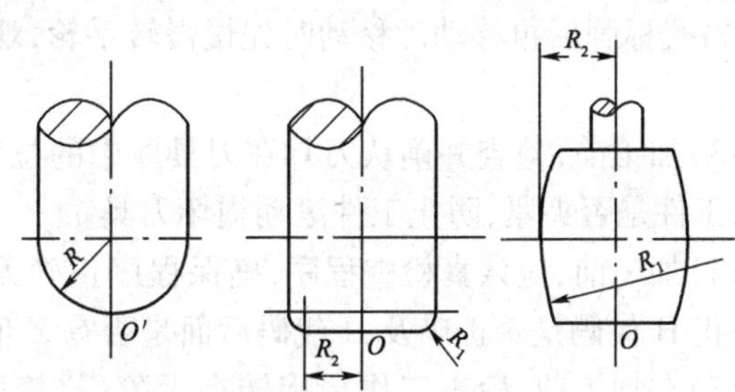

图 4-3　曲面轮廓加工常用工具

图 4-3 中的 O 点表示刀位点，即编程时用来计算刀具位置的基准点。加工曲面时球头刀的应用最普遍，但是越接近球头刀的底部，切削条件就越差，因此近来有用环形刀（包括平底刀）代替球头刀的趋势。鼓形刀和锥形刀都可用来加工变斜角零件，这是单件或小批量生产中取代四坐标或五坐标机床的一种变通措施。鼓形刀的刃口纵剖面磨成圆弧 R_1，加工中控制刀具的上下位置，相应改变刀刃的切削部位，可以在工件上切出从负到正的不同斜角值。圆弧半径 R_1 越小，刀具所能适应的斜角范围就越广，但是行切得到的工件表面质量就越差。鼓形刀的缺点是刃磨困难，切削条件差，而且不适应于加工内缘表面。锥形刀的情况相反，刃磨容易，切削条件好，加工效率高，工件表面质量也较好，但是加工变斜角零件的灵活性小。当工件的斜角变化范围大时需要中途分阶段换刀，留下的金属残痕多，增大了手工锉修量。

课题 4.1.3 加工中心安全操作规程

数控操作者应该养成文明生产的良好工作习惯和严谨的工作作风,具有良好的职业素质、责任心,严格遵守以下加工中心安全操作规程:

(1)操作人员在进入车间前,必须接受岗前培训,在未进行岗前培训的人员,切勿随意动机床,以免造成不必要的事故发生。

(2)操作前必须熟知机床每个按钮的作用以及作业标准书和品质的注意事项,在有关人员的指导下,方可上机。

(3)操作人员要遵守现场规章制度,禁止打闹、闲谈、听 mp3、睡觉和任意离开岗位,杜绝酗酒等现象。

(4)操作人员应佩戴胸卡、防护镜、穿安全鞋、安全服等劳保用品。

(5)机床周围的工具要摆放整齐,要便于拿放。

(6)注意机床各个部位警示牌上所写的警示内容。

(7)机床在通电状态时,操作者千万不要打开和接触机床上示有闪电符号的、装有强电装置的部位,以防被电击伤。

(8)按照机床说明书要求加装润滑油、液压油适当的位置,查看切削液的浓度。

(9) 机床启动前,确认压力表的指针在指定范围内后,方可开机。

(10)开机时,首先打开机床的总电源开关,再打开操作面板上的电源开关,最后打开系统开关,接通外接气源。

(11)每次开机后,必须进行回机床参考点的操作。手动原点回归时,注意机床各轴位置要距离原点 -100mm 以上,机床原点回归顺序为:首先 +Z 轴,其次 +X 轴,最后是 +Y 轴。

(12)使用手轮或快速移动方式移动各轴位置时,一定要先看清机床 Z 轴、Y 轴、X 轴方向"+"、"-"标牌后再移动。移动时先慢慢转手轮,观察机床移动方向无误之后,方可加快移动的速度。

(13)加工前,检查并确认刀具在刀具库中的位置,避免刀具错位发生切削事故;认真检查并确认工件是否夹紧,防止工件滚动损坏刀具。

(14)加工前,应认真检查程序,确保程序正确无误,着重检查工件坐标系是否正确,刀具长度补正 H 代码是否正确及 H 代码后面是否有 Z 值。

(15)在加工前,检查工作台旋转有无障碍,禁放工具和杂物,保持工作台的正常运转和清洁。

(16)加工前必须关上机床的防护门。

(17)加工前,必须进行机床空运行。空运行时必须将 Z 向提高一个安全高度。空运行 10~20min。

(18)在未经过班组长同意的情况下,不得擅自动他人机床。

(19)在加工前,把排屑器打开,保持机床内的卫生。

(20)机床在运转时,禁止用手或其他方式接触正在旋转的主轴、工件或其他运动部位。

(21)在加工中,站立位置应合适;启动程序时,右手按停止按钮准备,防止突发事件。如有紧急情况,立即按下停止按钮,及时报告班组长。

(22)首件加工时必须进行机床动作检查和防止刀具干涉检查,确认刀具运行轨迹无障碍。

(23)加工过程中应时刻注意机床的运动和加工状态是否正常,遇到异常现象、噪声和警报时,应立即停机,保留现场,及时报告班组长或设备管理,故障排除后方可继续加工。

(24)加工过程中认真观察切削以及冷却情况,确保机床刀具正常运行及工件质量,并关闭防护门,以免切屑、润滑油、切削液飞出。

(25)在加工中,注意检查工件是否装夹正确、可靠,装夹工件时应轻放,防止撞伤,撞坏工作台面。

(26)两个人操作一台时,应注意相互之间的协作配合。

(27)机床在自动运转过程中,严禁打开机床的防护门,以免发生危险。

(28)操作人员每天要对量具进行检查是否有损坏,是否能达到其测量要求,送 QC 校验,才能使用。

(29)在程序运行中须暂停测量工件尺寸时,要等机床完全停止,主轴停转后方可进行测量,以免发生事故。

(30)首件加工完成后,进行自检,自检合格后再送检,QC 判定合格后再生产,如果判定的产品不合格应及时报告现场管理进行调整。

(31)操作人员要每一小时对产品进行一次自主检查,并填写检查表。

(32)严禁对机床参数的修改,以防机床不正确的运行,造成不必要的事故。

(33)每天下班前要打扫干净工作场地,擦拭干净机床,应注意保持机床及控制设备的清洁。

(34)操作人员每天下班前,应填日生产报表,做好交接班。

(35)每天要提前 5min,进入车间和对班人员进行交接,如发现问题要及时反映,让下一个班的人员知道,以便正确处理。

(36)如果下班时间到了,还未有人来交接时,操作人员可以和下一个班的班组长进行交接,告知机床的使用情况和生产情况。

(37)关闭机床主电源前必须先关闭控制系统;非紧急状态不使用急停开关,切断系统电源,关好门窗后才能离开。

项目二 曲面零件的加工

一、编程知识

除了换刀程序外,加工中心的编程方法和普通数控铣床相同。不同的数控机床,其换刀程序是不同的,通常选刀和换刀分开进行,换刀动作必须在主轴停转条件下进行。换刀完毕启动主轴后,方可执行下面程序段的加工动作,选刀动作可与机床的加工动作重合起来,即利用切削时间进行选刀,因此,换刀 M06 指令必须安排在用新刀具加工的程序段之前,而下一个选刀指令 TXX 常紧接安排在这次换刀指令之后。

多数加工中心都规定了“换刀点”位置,即定距换刀,主轴只有走到这个位置,机械手才能执行换刀动作。一般立式加工中心规定换刀点的位置在 Z0 处(机床 Z 轴零点),当控制机接到选刀 T 指令后,自动选刀,被选中的刀具处于刀库最下方;接到换刀 M06 指令后,机械手执行换刀动作。因此换刀程序可采用两种方法设计。

方法一:N010 G00 Z0 T02;

N011 M06；

返回 Z 轴换刀点的同时，刀库将 T02 号刀具选出，然后进行刀具交换，换到主轴上的刀具为 T02，若 Z 轴回零时间小于 T 功能执行时间（即选刀时间），则 M06 指令等刀库将 T02 号刀具转到最下方位置后才能执行。因此这种方法占用机动时间较长。

方法二：N010 G01 Z…T02；

⋮

N017 G00 Z0 M06；

N018 G01 Z…T03；

⋮

N017 程序段换上 N010 程序段选出的 T02 号刀具；在换刀后，紧接着选出下次要用的 T03 号刀具，在 N010 程序段和 N018 程序段执行选刀时，不占用机动时间，所以这种方式较好。

二、加工实例

加工如图 4-4 所示的零件，毛坯为 ϕ100mm 棒料，外轮廓不需加工，工件材料为铝合金。

1. 工艺分析

1）零件几何特点

该零件为圆弧面曲面加工，圆弧表面粗糙度为 3.2μm，需采用粗、精加工，一般用立铣刀等高铣削来粗加工，用球头铣刀来精加工。

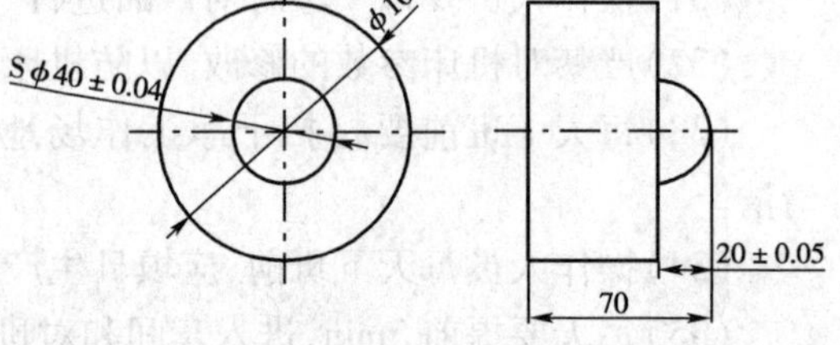

图 4-4　曲面零件加工实例（尺寸单位：mm）

2）加工工序

（1）工件坐标系建立 G92（或 G54 ~ G59）、刀具补偿设置。

（2）以底面为定位基准，两侧用机用平口钳夹紧，固定于铣床工作台上。

3）刀具及切削参数

各工序刀具及切削参数选择见表 4-1。

刀具及切削参数表　　表 4-1

序号	加工面	刀具号	刀具规格		主轴转速	进给速度
			类　型	材　料	n(r · min^{-1})	V(mm · min^{-1})
1	粗加工圆弧曲面逆铣	T01	ϕ12mm 三刃立铣刀	高速钢	550	120
2	精加工圆弧曲面顺铣	T01	ϕ12mm 球铣刀		800	100

2. 程序清单

```
XYX；
G90 G54 G00 X0 Y0 Z50.0 S550 M03 T01 F150；
G00 X30.0；
G01 Z0；
R1 = 0；
MA1：R2 = SQRT(20 * 20 - R1 * R1)；
R2 = R2 + 6.0；
G01 X = R2；
G02 I = - R2；
```

```
G01 X = R2 Z = R1;
R1 = R1 + 0.05;
IFR1 < 20 GOTO B MA1;
G00 Z50.0;
M05;
M30;
```

项目三　加工中心孔系零件的加工

一、编程知识

加工中心的编程方法与数控铣床的编程方法基本相同，加工坐标系的设置方法也一样。因而，下面将主要介绍加工中心的加工固定循环功能。

1. 固定循环功能

常用的固定循环指令能完成的工作有：钻孔、攻螺纹和镗孔等。这些循环通常包括下列6个基本操作动作（如图4-5所示）：

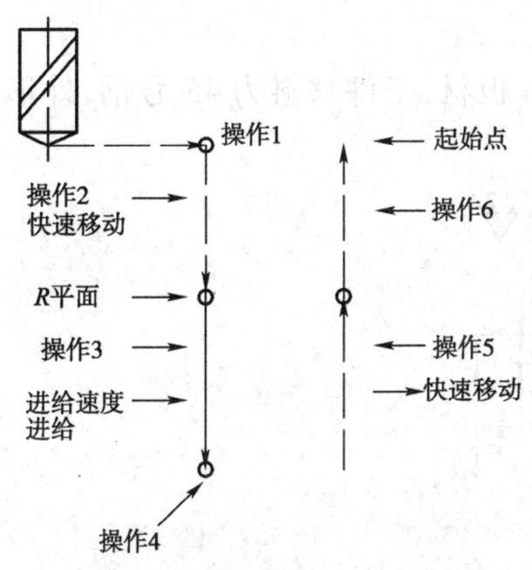

图4-5　固定循环的基本动作

(1)在 *XY* 平面定位；

(2)快速移动到 *R* 平面；

(3)孔的切削加工；

(4)孔底动作；

(5)返回到 *R* 平面；

(6)返回到起始点。

2. 固定循环指令

常用的固定循环有高速深孔钻循环、螺纹切削循环、精镗循环等，指令格式为：G90 /G91 G98/G99 G73 ~ G89 X ~ Y ~ Z ~ R ~ Q ~ P ~ F ~

1)钻孔、钻中心孔固定循环指令 G81

G81 用于加工通孔、中心孔，无孔底动作。

2)高速深孔钻循环指令 G73

G73 用于深孔钻削，在钻孔时采取间断进给，有利于断屑和排屑，适合深孔加工。

3)精镗循环指令 G76

G76 指令用于精镗孔加工。镗削至孔底时，主轴停止在定向位置上，即准停，再使刀尖偏移离开加工表面，然后再退刀。这样可以高精度、高效率地完成孔加工而不损伤工件已加工表面。

指令格式中，Q 表示刀尖的偏移量，一般为正数，移动方向由机床参数设定。

二、加工实例

加工如图4-6所示的零件，要求使用固定循环功能加工零件上的5个孔。

1. 工艺分析

分析零件图样，进行工艺处理，在多孔加工时，为了简化程序，采用固定循环指令。这时的数学处理主要是按固定循环指令格式的要求，确定孔位坐标、快进尺寸和工作进给尺寸值等。

2. 程序清单

```
O0011
N10 G54 G90 G00 X0 Y0 Z100;
N20 S600 M03;
N30 Z50.0;
N40 G99 G81 X10.0 Y-10.0 Z-22.0 R2.0 F200;
N50 Y20.0;
N60 X20.0 Y10.0;
N70 X30.0;
N80 G98 X40.0 Y30.0;
N90 G80 X0.0 Y0.0 Z100;
N100 M05;
N110 M02;
```

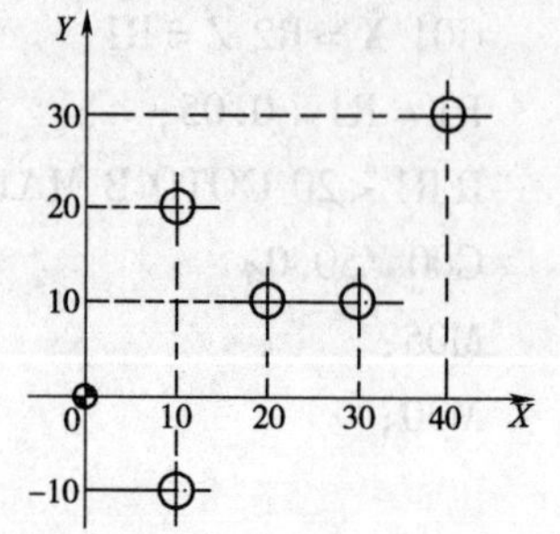

图 4-6 加工中心孔系零件加工实例

项目四 加工中心综合零件加工

加工如图 4-7 所示的零件,毛坯为 75mm × 75mm × 30mm 板材,工件材料为 45 号钢,外形已加工。

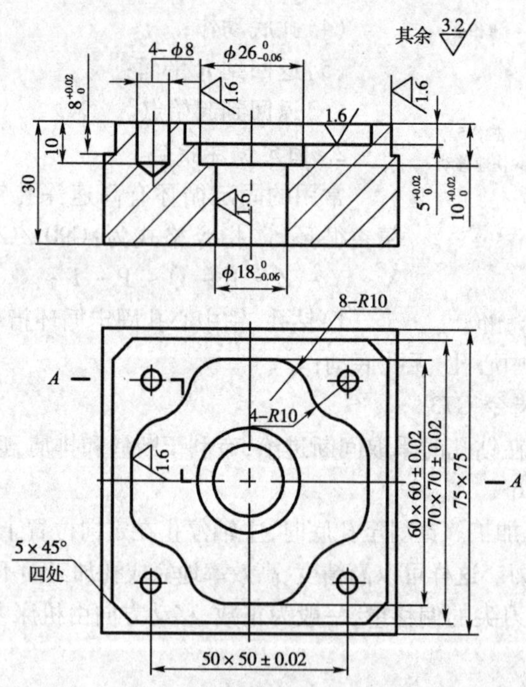

图 4-7 加工中心综合零件加工实例(尺寸单位:mm)

1. 工艺分析

1)零件几何特点

该零件由方凸台、梅花形腔、阶梯孔、4 个均布孔组成,其几何形状为平面二维图形,方凸台、梅花形腔、阶梯孔精度等级均在 IT7 ~ IT8,表面粗糙度为 1.6μm。

2)加工工序

凸台、梅花形腔采用粗、精铣加工。阶梯孔先钻、后镗孔,达到加工要求,通孔钻后再铰。

根据零件图样要求其加工工序为:

(1)粗加工凸台外型,选用 ϕ12mm 立铣刀。精加工采用改变刀具半径补偿值的方法加工。

(2)点孔加工 4 - ϕ8mm 及 ϕ18mm,选用 ϕ3mm 中心钻。

(3)钻 4 - ϕ8mm。

(4)钻孔加工,选用 ϕ17.9mm 麻花钻,可用高速深孔钻循环指令 LCYC83。

(5)梅花形腔,选用 ϕ10mm 三刃立铣刀,其闭式型腔切入和切出安排在型腔中部。精加工采用改变刀具半径值补偿值的方法加工。

(6)镗阶梯孔,达到精度要求。

(7)铰孔加工,选用 ϕ10mmH9 机用铰刀,可用高速深孔钻循环指令 LCYC85。

3)刀具及切削参数

各工序刀具及切削参数选择见表 4-2。

刀具及切削参数表 表 4-2

序号	加工面	刀具号	刀具规格		主轴转速	进给速度
			类 型	材 料	n(r · min^{-1})	V(mm · min^{-1})
1	粗加工凸台	T01	ϕ12mm 三刃立铣刀	硬质合金	500	120
2	精加工凸台	T01	ϕ12mm 三刃立铣刀		700	80
3	粗加工梅花形腔	T03	ϕ10mm 三刃立铣刀	高速钢	500	120
4	精加工凹形腔	T03	ϕ10mm 三刃立铣刀		800	80
5	点孔加工	T04	ϕ3mm 中心钻		1200	120
6	钻孔加工	T05	ϕ8mm 直柄麻花钻		800	50
7	钻孔加工	T06	ϕ17.9mm 麻花钻		800	50
8	镗孔加工	T07	ϕ26mm 孔		500	30
9	铰孔加工	T08	ϕ18mmH9 机用铰刀		300	30

2. *参考程序*

1)确定工件坐标系和对刀点

在 XOY 平面内确定以 O 点为工件原点,Z 方向以工件上表面为原点,建立工件坐标系。

2)程序清单

ϕ12mm 铣刀(铣外型)

```
SKZHW
N10 G90 G54 G40 G49 M03 S500;
N20 G00 Z30;
N30 X60 Y -60;
N40 G01 Z -8 F100;
N50 G41 X30 Y -35 D01;
N55 X30
N60 X -30;
N70 X -35 Y -30;
```

```
N80 Y30;
N90 X-30 Y35;
N100 X30;
N110 X35 Y30;
N120 Y-30;
N130 X20 Y-45;
N140 G00 Z30;
N150 G40 X70 Y-35;
N160 M05;
N170 M30;
```

ϕ17.9mm 麻花钻(钻孔)

```
SKZHK
N10 G90 G54 G40 G49 M03 S500;
N20 G00 Z30;
N30 X0 Y0;
N40 G01 Z10 F100;
N50 R101=10 R102=2 R103=5
R104=-13 R105=0 R109=0 R110=30;
N60 LCYC83;
N70 G00 Z30;
N80 M05;
N90 M30;
```

镗孔

```
SKZHT
N10 G90 G54 G40 G49 M03 S500;
N20 G00 Z30;
N30 X0 Y0;
N40 G01 Z5 F100;
N50 R101=5 R102=2 R103=0 R104=-17
R105=0 R107=200 R108=400
N60 LCYC85;
N70 G00 Z30;
N80 M05;
N90 M30;
```

ϕ10mm 铣刀(挖槽)

```
SKZHC
N10 G90 G54 G40 G49 M03 S500;
```

```
N20 G00 Z30;
N30 X0 Y0;
N40 G01 Z-5 F100;
N50 G42 X30 Y-5.6351 D01;
N60 G02 X22.468 Y-15.3259 R10;
N70 G03 X15.3175 Y-22.5 CR=10;
N80 G02 X5.635 Y-30 CR=10;
N90 G01 X-5.635;
N100 G02 X-15.3175 Y-22.5 CR=10;
N110 G03 X-22.468 Y-15.3259 CR=10;
N120 G02 X-30 Y-5.6351 CR=10;
N130 G01 Y5.6351;
N140 G02 X-22.468 Y15.3259 CR=10;
N150 G03 X-15.3175 Y22.5 CR=10;
N160 G02 X-5.635 Y30 CR=10;
N170 G01 X5.635;
N180 G02 X15.3175 Y22.5 CR=10;
N190 G03 X22.468 Y15.3259 CR=10;
N200 G02 X30 Y3.6351 CR=10;
N210 G01 X30 Y-5.6351;
N220 G02 X22.468 Y-15.3259 CR=10;
N225 G02 X10 Y-10 CR=15;
N230 G00 Z30;
N240 G40 X70 Y0;
N250 M05;
N260 M30;
```

ϕ8mm 麻花钻(钻孔)

```
SKZHZ
N10 G90 G40 G54 G49 M03 S500;
N20 G00 Z30;
N30 X25 Y25;
N40 R101=10 R102=5 R103=0 R104=-10 R105=0;
N50 LCYC82;
N60 X-25;
N70 LCYC82;
N80 Y-25;
N90 LCYC82;
N100 X25;
N110 LCYC82;
```

N120 G00 X70 Y0;

N130 M05;

N140 M30;

思考与练习

1. 加工中心的加工特点是什么？在程序编写过程中要注意哪些问题？

2. 加工中心主要适合于加工哪些工件？

3. 加工中心的主轴为什么要有准停？准停的指令是什么？

4. 如图4-8所示零件，毛坯已经经过粗加工，要求在加工中心上钻 ϕ14 mm 孔、ϕ18 mm 孔，用立铣刀铣 ϕ20 mm、ϕ33 mm 孔。要求制定加工工艺，设定刀具参数，编写加工程序。

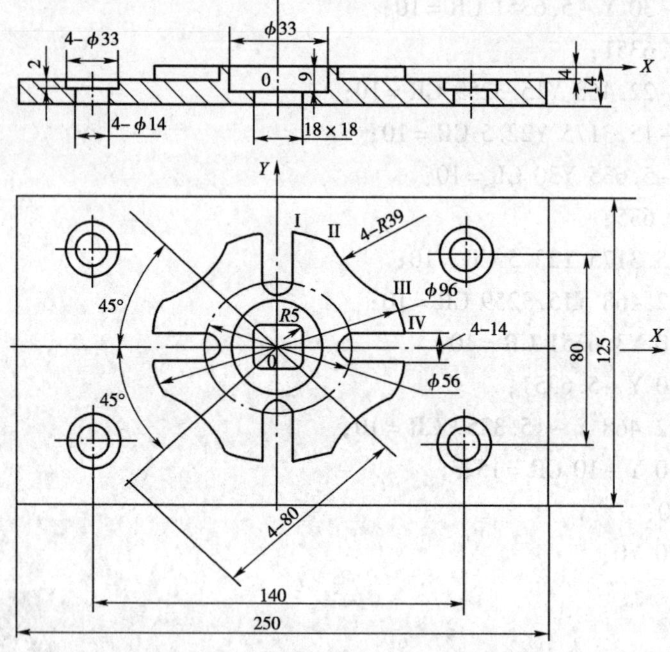

图4-8　思考与练习4图(尺寸单位:mm)

5. 在立式加工中心上加工如图4-9所示的零件，以上表面为Z0平面，用刀座对刀，试编出对工件上部进行轮廓铣削和钻两个孔的加工程序(含自动换刀动作)。(铣轮廓时，深度方向采用分层铣切，粗铣两次，精铣1次，要求采用主、子程序调用方式，并考虑刀径和刀长补偿。)

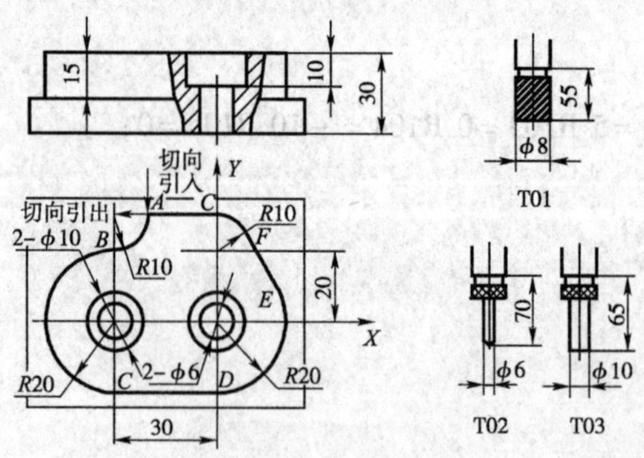

图4-9　思考与练习5图(尺寸单位:mm)

参考文献

[1] 王爱玲.数控编程技术.北京:机械工业出版社,2007.
[2] 逯晓勤,李海梅,申长雨.数控机床编程技术.北京:机械工业出版社,2002.
[3] 顾京.数控机床加工程序编制.2版.北京:机械工业出版社,2003.
[4] 詹华西.数控加工与编程.西安:西安电子科技大学出版社,2004.
[5] 姜爱国.数控机床技能实训.北京:北京理工大学出版社,2006.
[6] 张思弟.数控加工编程技术.北京:化学工业出版社,2005.
[7] 陈洪涛.数控加工工艺与编程.北京:高等教育出版社,2003.
[8] 韩鸿桊.数控编程.北京:中国劳动社会保障出版社,2004.
[9] 方沂.数控机床编程与操作.北京:国防工业出版社,1999.
[10] 郭培全.数控机床编程与应用.北京:机械工业出版社,2000.
[11] 孙竹.数控机床编程与操作.北京:机械工业出版社,2000.
[12] 张学仁.数控电火花线切割加工技术.哈尔滨:哈尔滨工业大学出版社,2000.
[13] 马一民,关雄飞.数控技术及应用.西安:西安电子科技大学出版社,2006.
[14] 王贵明.数控实用技术.北京:机械工业出版社,2000.
[15] 刘雄伟.数控加工理论与编程技术.北京:机械工业出版社,2000.
[16] 李文忠.数控机床原理及应用.北京:机械工业出版社,2005.
[17] 张超英,罗学科.数控机床加工工艺、编程及操作实训.2版.北京:高等教育出版社,2003.